Vikas Kumar Nirmal

Plano de gestão do estacionamento nas grandes superfícies comerciais

Vikas Kumar Nirmal

Plano de gestão do estacionamento nas grandes superfícies comerciais

Um estudo de caso do Sul de Deli

ScienciaScripts

Imprint

Cover image: www.ingimage.com

This book is a translation from the original published under ISBN 978-620-2-06196-4.

Publisher:
Sciencia Scripts
is a trademark of
Dodo Books Indian Ocean Ltd. and OmniScriptum S.R.L publishing group

120 High Road, East Finchley, London, N2 9ED, United Kingdom
Str. Armeneasca 28/1, office 1, Chisinau MD-2012, Republic of Moldova, Europe
Printed at: see last page
ISBN: 978-620-8-32939-6

Resumo

O estacionamento é uma componente passiva mas essencial das infra-estruturas de transportes. Tem sido uma parte negligenciada das políticas de transportes na Índia. O boom do sector automóvel neste país nas últimas duas décadas tem sido inacreditável. O problema do estacionamento está a aumentar de dia para dia e a disponibilidade de terrenos está a diminuir com a rápida urbanização em todo o país. Este problema chamou agora a atenção das autoridades municipais nas zonas urbanas, mas a gestão está longe de ser satisfatória. A parte da gestão é maioritariamente subcontratada a diferentes agências que se concentram mais em maximizar a sua geração de receitas através do estacionamento do que numa gestão adequada do mesmo.

A gestão de estacionamento refere-se a várias políticas e programas que resultam numa utilização mais eficiente dos recursos de estacionamento. Quando aplicada de forma adequada, a gestão do estacionamento pode reduzir significativamente o número de lugares de estacionamento necessários numa determinada situação. Os programas de gestão de estacionamento com uma boa relação custo-eficácia podem normalmente reduzir as necessidades de estacionamento em 20 a 40% em comparação com os requisitos de planeamento convencionais, proporcionando muitos benefícios económicos, sociais e ambientais. Quando todos os impactos são considerados, uma melhor gestão é frequentemente a melhor solução para os problemas de estacionamento.

O problema do estacionamento é muito proeminente em todas as áreas urbanas, mas os metropolitanos são os mais afectados por este problema. Delhi está à frente de todas estas áreas urbanas devido ao maior número de veículos motorizados e à escassez de terrenos para infra-estruturas de estacionamento. O problema é cada vez maior nas principais zonas comerciais, onde o volume de negócios do estacionamento é duas vezes superior à oferta de estacionamento. A utilização do estacionamento ultrapassa os 100% ao longo do dia. A sobreutilização da infraestrutura de estacionamento deve-se à estrutura de taxas subsidiadas da oferta de estacionamento. O preço do estacionamento deve ser fixado de forma a equilibrar a procura e a oferta.

Além disso, as políticas de estacionamento elaboradas pelas autoridades municipais não são capazes de responder às necessidades de estacionamento da cidade. A política de estacionamento e os planos de ação de todas as agências cívicas e de desenvolvimento visam uma maior oferta de lugares de estacionamento e poucas medidas de controlo da procura.

Este estudo é uma tentativa de analisar os problemas de estacionamento existentes, criticar as práticas de estacionamento e propor reformas adequadas. Os objectivos básicos deste estudo específico consistem em identificar os diferentes parâmetros que influenciam a procura de estacionamento, analisar e medir a influência de cada parâmetro na procura de estacionamento e derivar funções de procura com base nas análises. O resultado final do estudo será a formulação de uma metodologia adequada para o planeamento de futuras instalações de estacionamento, com especial destaque para a atribuição espacial, a oferta total de estacionamento, o quadro de preços e as políticas e estratégias regulamentares. Além disso, o planeamento das propostas e recomendações de estacionamento para melhorar o cenário global de estacionamento ao nível micro das áreas de estudo.

Índice

Lista de abreviaturas

VDA- Virginia Department for the Aging

FDI- Foreign Direct Investment

CSE- Centre for Science and Environment

NCT- National Capital Territory

RTO- Regional Transport Office

ECS- Equivalent Car Space

BRTS- Bus Rapid Transit System

MRTS- Mass Rapid Transit System

LRT- Light Rail Transit

ITS- Intelligent Transportation System

ITE- Intelligent Transportation Engineering

VTPI- Victoria Transport Policy Institute

EPCA- Environment Prevention and Control Authority

MCD- Municipal Corporation of Delhi

NDMC- New Delhi Municipal Corporation

DCB- Delhi Cantonment Board

DDA- Delhi Development Authority

DMRC- Delhi Metro Rail Corporation

PAS- Public Advisory

CBD- Central Business District

CO2- Carbon Dioxide

INA- Indian National Army

AIIMS- All India Institute of Medical Science

R Square- Correlation Coefficient

PR- Proposed Revenue

ER- Existing Revenue

PGI- Parking Guidance and Information

CAPÍTULO 1. INTRODUÇÃO

O estacionamento é uma componente essencial do sistema de transportes. Os parques de estacionamento representam um custo importante para a sociedade e os conflitos de estacionamento estão entre os problemas mais comuns que os planeadores enfrentam no contexto atual. Estes problemas podem ser frequentemente definidos quer em termos de inadequação quer em termos de gestão (as instalações disponíveis são utilizadas de forma ineficaz e deveriam ser mais bem geridas). O planeamento do estacionamento em qualquer zona urbana é uma tarefa difícil para os urbanistas devido ao crescimento imprevisível do número de veículos, ao aumento do congestionamento nas cidades e à disponibilidade limitada de terrenos.

1.1 Crescimento da indústria automóvel: O cenário indiano numa perspetiva global

Em 2002, existiam 800 milhões de automóveis no mundo. A indústria automóvel mundial, que registou um crescimento robusto face ao aumento da procura global, produziu cerca de 63 milhões de veículos a motor em 2004. A produção global da indústria automóvel atingiu 64,6 milhões de veículos em 2005, mantendo assim a sua liderança na atividade de fabrico. Assim, a indústria automóvel mundial, dominada pela Europa, pelos EUA, pelo Japão e, ultimamente, pela China e pela Índia, continuou a ter uma influência significativa no desenvolvimento económico, no comércio internacional, no IDE e nas práticas respeitadoras do ambiente.

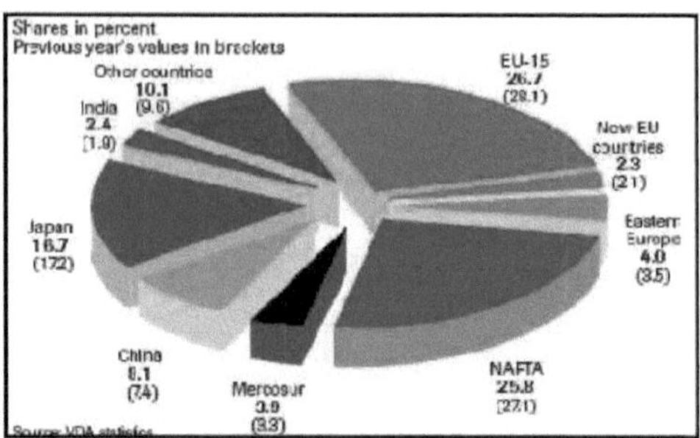

Fig. 1.1: Quotas de produção automóvel dos países ***Fonte: Estatísticas VDA***

Existem 140 milhões de automóveis nos Estados Unidos e 55 milhões no Japão. Os países asiáticos, principalmente o Japão, a China e a Índia, registaram um aumento de 9% da produção em relação ao ano passado, constituindo 35,9% da produção mundial (Fig. 1.1). De facto, a China e a Índia registaram uma taxa de crescimento positiva em relação a 2003. Este facto contrasta com os apenas 9 milhões de automóveis produzidos na China e 6 milhões na Índia. Mas a tendência atual da produção de veículos nos países do Sudeste Asiático ultrapassou os países ocidentais.

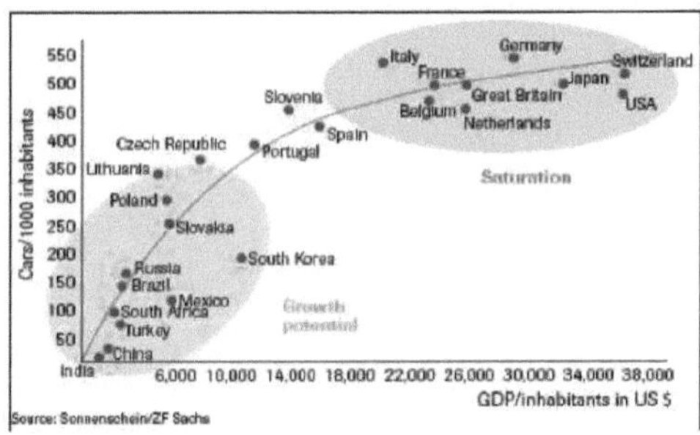

Fig. 1.2: Propriedade de automóveis na Índia e noutros países
Fonte: Estatísticas VDA

Embora a posse de veículos nestes países não esteja ao nível do mundo ocidental, o futuro parece ser muito próspero. Em 2030, os seis países com o maior número de veículos serão a China, os EUA, a Índia, o Japão, o Brasil e o México (Fig. 1.3). Prevê-se que, em 2030, a China tenha quase 20 vezes mais veículos do que tinha em 2002.

Este crescimento deve-se tanto à sua elevada taxa de crescimento do rendimento nestes países em desenvolvimento como ao facto de o seu rendimento per capita durante este período estar associado a um crescimento da propriedade de veículos mais de duas vezes superior ao do rendimento. [thst]A explosão do automóvel é um dos fenómenos mais alarmantes dos séculos XX e XXI. Em 2000, a propriedade de veículos nos EUA era de 771 veículos por 1000 pessoas, enquanto a propriedade média de veículos no resto do mundo era de apenas 89 veículos por 1000 pessoas (taxa dos EUA em 1920).

A posse de veículos na China, que é o quarto maior mercado mundial de automóveis novos e uma das economias de crescimento mais rápido, era, no ano 2000, de 11 (veículos por 1000 pessoas), a taxa dos EUA já em 1915. Em 2000, os 6,1 mil milhões de habitantes do planeta possuíam 735 milhões de veículos, que podem chegar aos 5 mil milhões em 2100, se esta tendência se mantiver. Considerando o facto de que um veículo médio passa 95% do seu tempo de vida estacionado, o espaço de estacionamento requer pelo menos 3 lugares de estacionamento por dia, 3-4 lugares de estacionamento para cada veículo por dia. Seriam necessários 12 mil milhões de lugares de estacionamento no mundo, o equivalente à dimensão da França ou da Espanha.

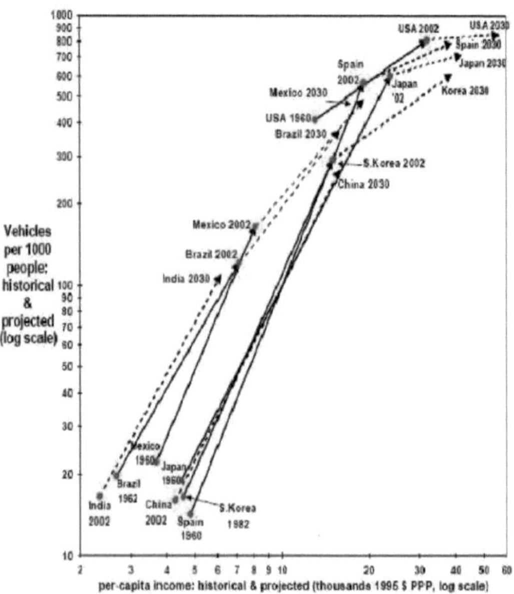

Fig. 1.3: Crescimento veicular de diferentes países ao longo do tempo

Fonte: Propriedade de veículos e crescimento da renda, em todo o mundo: 19602030 (Dargay, Gately, Sommer - 2007)

Tabela 1.1: Crescimento do número de veículos e do número de proprietários de veículos nos principais países

Country	Vehicle per 1000 population			Total Vehicles (in millions)		
	1960	**2002**	**Estimated 2030**	**1960**	**2002**	**Estimated 2030**
World	41	130	254	122	812	2080
U.S.A	411	812	849	74.4	234	314
China	0.38	16	269	0.2	20.5	390
India	1	17	110	0.4	17.4	156
Australia	266	632	772	2.7	12.5	18.4
Brazil	20	121	377	1	20.8	83.7
Korea	1.2	293	609	0.03	13.9	30.5

Fonte: ***Propriedade de veículos e crescimento do rendimento, a nível mundial: 1960-2030 (Dargay, Gately, Sommer - 2007)***

1.2 Cenário indiano

As cidades indianas estão a enfrentar uma grande transição na indústria automóvel com uma elevada procura de veículos privados, especialmente nos grandes centros urbanos. A população das seis maiores metrópoles da Índia aumentou 1,89 vezes entre 1981 e 2001 e o número de veículos registados aumentou 7,75 vezes durante o mesmo período.

O número de veículos está a aumentar rapidamente nas cidades. Entre 1951 e 2000, enquanto a população urbana do país aumentou apenas 4,6 vezes, o número de veículos aumentou 158 vezes. Os veículos pessoais constituem uma grande parte da frota de veículos registados, enquanto a parte dos autocarros (o modo de transporte público) na frota total de veículos diminuiu de 11% na década de 1950 para 1,1% em 2004.

Foram necessários 30 anos para atingir a marca do primeiro milhão de veículos pessoais em 1971; outros 20 anos para acrescentar mais 2 milhões. Depois, em 10 anos (198191), aumentou em 14 milhões. Outros 10 anos (1991-2001) - aumentaram em 28 milhões. Nesta década, em apenas quatro anos (2001 a 2004), foram acrescentados 16 milhões. Os veículos particulares estão a crescer a um ritmo muito mais rápido do que o número total de veículos, o que constitui uma ameaça para o sistema de transportes urbanos.

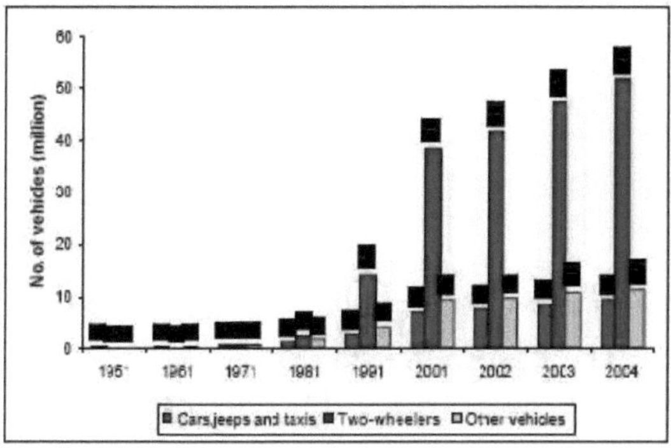

Fig. 1.4: Crescimento da população de veículos na Índia
Fonte: Campanha Direito ao Ar Limpo, CSE, Nova Deli

1.3 Sistema de estacionamento urbano

O estacionamento é um problema criado pelo tráfego em diferentes centros urbanos de todo o mundo. Todos os proprietários de automóveis tentam estacionar o seu carro o mais próximo possível do seu destino. Daí resulta uma grande procura de lugares de estacionamento nas zonas centrais. De acordo com Wilbur Smith, o estacionamento é a função mais importante no centro da cidade. O estacionamento é o requisito essencial para a existência de actividades comerciais, industriais e sociais e, por conseguinte, uma oferta adequada é essencial para o seu bem-estar. A disponibilização de lugares de estacionamento é, em geral, mais importante para quem estaciona a curto prazo, uma vez que gera mais receitas.

O estacionamento é uma parte passiva mas integrante do sistema de transportes urbanos, afectando fortemente a escolha do modo de transporte, a geração de viagens, a utilização dos solos e a conceção urbana. O planeamento do estacionamento numa zona urbana é uma tarefa difícil para os urbanistas devido ao crescimento imprevisível do número de veículos e ao aumento do congestionamento nas cidades.

1.4 Tipos de parques de estacionamento

Os parques de estacionamento podem ser classificados em três categorias.

- Parque de estacionamento fora da rua.
- Parque de estacionamento na rua.

- Parque de estacionamento especial.

1.4.1 Parque de estacionamento fora da rua

O estacionamento fora da rua é aquele que não ocupa o espaço da estrada destinado à circulação de veículos. Este tipo de instalação pode ser fornecido em diferentes categorias, tais como estacionamento à superfície, estacionamento em vários níveis ou estacionamento nas próprias instalações do edifício. O acesso a estas instalações pode ser público ou privado e pode ser gratuito ou pago. As instalações podem ser geridas pelas autoridades locais ou por entidades privadas e pela própria comunidade.

1.4.2 Parque de estacionamento na via pública

O estacionamento na rua situa-se normalmente junto à berma da faixa de rodagem, nas faixas laterais paralelas à estrada ou em zonas específicas da estrada, como praças, pilares ou outras superfícies que fazem parte do espaço rodoviário público. Esta facilidade encontra-se nas zonas comerciais, à porta da unidade comercial, onde o volume de negócios é elevado e o acesso ao cliente é rápido. Com base no sistema operacional e regulamentar, existem 4 tipos de parques de estacionamento na rua:

- Estacionamento gratuito de longa duração.
- Estacionamento gratuito de duração limitada com aplicação rigorosa.
- Sistema de estacionamento mediante pagamento de taxas.
- Estacionamento reservado para utilizadores/serviços especiais, como os serviços municipais e os bombeiros.

1.4.3 Parque de estacionamento especial

Há certas instalações que se situam tanto na rua como fora dela, mas que se tornaram importantes devido à sua conceção, às facilidades oferecidas, ao conceito, etc. Nesta categoria de estacionamento, temos os seguintes tipos de estacionamento:

- **Estacionamento**

  Estas instalações são introduzidas para descongestionar as zonas centrais. Destinam-se a separar os veículos que ficam estacionados durante muito tempo e que são utilizados pelos empregados/proprietários para se deslocarem para as suas áreas de trabalho nos centros das cidades. Neste sistema, os utentes estacionam o seu veículo num parque de estacionamento fora da rua, situado na zona periférica do centro da cidade, e deslocam-se para o seu destino através de um meio de transporte público.

- **Estacionamento partilhado**

  Trata-se de uma utilização de tipo misto em que um mesmo parque de estacionamento pode ser utilizado como espaço aberto durante certas horas de estacionamento e como espaço de estacionamento noutras horas.

1.5 Necessidade do estudo

A taxa de crescimento do número de veículos está a exercer uma grande pressão sobre as infra-estruturas de transportes urbanos. Esta tendência manter-se-á durante algum tempo, uma vez que a Índia está a crescer rapidamente na indústria automóvel. Cada novo veículo vendido trará mais 3-4 lugares de estacionamento para a já inadequada infraestrutura de estacionamento em Deli. O problema do estacionamento é muito genuíno em qualquer zona urbana em crescimento, mas a população de veículos de Deli aumentou muito e as outras infra-estruturas não foram construídas ao mesmo ritmo, o que está a exercer uma enorme pressão sobre as suas infra-estruturas.

O estacionamento é um problema com que se deparam todas as utilizações do solo, mas a situação nas zonas comerciais é bastante pior devido ao elevado número de peões. Devido ao aumento do número de automóveis em todas as zonas urbanas, o planeamento do estacionamento no momento certo, com medidas adequadas e políticas apropriadas, é a melhor solução para resolver este problema.

1.6 Finalidade e objectivos

Objetivo

A. Propor um sistema de gestão de estacionamento que forneça serviços de estacionamento convenientes aos utentes das zonas comerciais e que assegure a utilização do parque de estacionamento com preços adequados.

B. Promover a circulação de peões, evitando conflitos entre veículos e peões, através de um sistema de informação de estacionamento eficaz e de um planeamento adequado das instalações de estacionamento em todas as zonas comerciais.

Objectivos

Para se conseguir uma gestão eficaz do estacionamento, os objectivos devem ser muito claros e bem definidos para analisar e propor planos de ação. Os objectivos do estudo são os seguintes

- Formular uma metodologia adequada para o planeamento de futuras instalações de estacionamento fora da rua, com especial incidência na localização espacial e na oferta total de estacionamento.
- Promover a circulação de peões na área de estudo e nas suas imediações sem entrar em conflito com os veículos.
- Promoção de estratégias como Park and Walk e Park and Ride.
- Regularização do fluxo de tráfego nas estradas.
- Reduzir o congestionamento nas estradas.
- Integração de parques de estacionamento para MRTS e zonas comerciais em algumas zonas.

1.7 Âmbito de trabalho e limitações

Âmbito do trabalho

O âmbito do trabalho discute os vários objectivos que devem ser alcançados em relação ao estudo. Há diferentes trabalhos a efetuar, alguns dos quais são discutidos a seguir:

- Análise das caraterísticas do tráfego, gestão do tráfego na zona e nas imediações.
- Analisar a integração do movimento de veículos e peões.
- Avaliação do padrão de circulação existente e das instalações de estacionamento, tanto na rua como fora dela.
- Analisar diferentes abordagens e investigações no mesmo domínio.
- O estudo tenta analisar e projetar a procura de estacionamento adequado nas zonas comerciais com diferentes ferramentas e técnicas.
- Propor preços de estacionamento e outras opções geradoras de receitas para a autoridade local.
- Afetação espacial de parques de estacionamento a uma distância percorrível a pé das zonas comerciais.
- Propor estratégias e orientações políticas em função da análise e das intervenções em curso.

Limitações

- O estudo é uma tentativa de fornecer soluções adequadas para resolver o problema do estacionamento nas zonas comerciais apenas na zona sul do NCT Delhi.

- O estudo pode ou não ser aplicável a todas as zonas comerciais de outras partes de Deli.

1.8 Metodologia

A metodologia adoptada para o Plano de Gestão do Estacionamento é apresentada na Fig. 1.5.

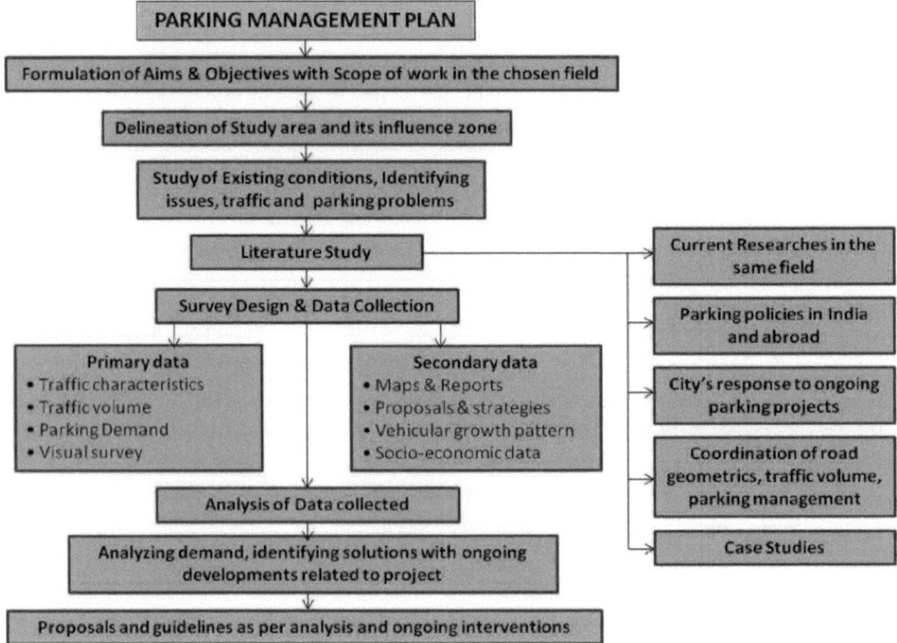

Fig 1.5: Fluxograma da metodologia para o plano de gestão do estacionamento

1.9 Ferramentas e técnicas

- Preços de estacionamento.
- Gestão das horas de ponta.
- Economia do estacionamento fora da rua.
- Análise e avaliação da procura com diferentes modelos.
- Normas e diretrizes de estacionamento adequadas.
- Outras opções de geração de receitas subsidiárias.

1.10 Estrutura do relatório

Capítulo 1: Introdução

Este capítulo trata da introdução do projeto, das finalidades, dos objectivos, dos âmbitos, das limitações e da metodologia adoptada para este estudo.

Capítulo 2: Estudo da literatura

Este capítulo analisa o estudo teórico das definições, dimensões, princípios, objectivos, benefícios, estratégias, questões e factores relacionados com a gestão do estacionamento. Também trata das diferentes políticas e abordagens tentadas como parte da estratégia para a gestão do estacionamento.

Capítulo 3: Estudos de caso

Este capítulo apresenta elogios e críticas a algumas práticas nacionais e internacionais no domínio do estacionamento e da gestão do estacionamento.

Capítulo 4: Área de estudo

Trata-se de uma visão da cidade de Deli, do crescimento da cidade e de outras informações. Trata também da delimitação da área de estudo e de ação.

Capítulo 5: Procedimento de inquérito e recolha de dados

O capítulo apresenta a conceção da recolha de dados e o procedimento de recolha de dados a partir de fontes primárias e secundárias.

Capítulo 6: Análise de dados

Todos os dados recolhidos foram compilados e analisados para se chegar a conclusões interpretadas a partir dos dados.

Capítulo 7: Planeamento de parques de estacionamento

Este capítulo apresenta as várias medidas a ter em conta no planeamento das instalações. Além disso, as caraterísticas da procura por área e o cálculo da geração de receitas são efectuados aqui.

Capítulo 8: Propostas e recomendações

O capítulo contém recomendações específicas e gerais propostas para as zonas de estudo. Também inclui um sistema de informação sobre estacionamento que pode ser implementado em qualquer uma das zonas de estudo.

CAPÍTULO 2. ESTUDO BIBLIOGRÁFICO

2.1 Gestão de estacionamento

A gestão de estacionamento refere-se a várias políticas e programas que resultam numa utilização mais eficiente dos recursos de estacionamento. Quando aplicada de forma adequada, a gestão do estacionamento pode reduzir significativamente o número de lugares de estacionamento necessários numa determinada situação. Os programas de gestão de estacionamento com uma boa relação custo-eficácia podem normalmente reduzir as necessidades de estacionamento em 20 a 40% em comparação com os requisitos de planeamento convencionais, proporcionando muitos benefícios económicos, sociais e ambientais. Quando todos os impactos são considerados, uma melhor gestão é frequentemente a melhor solução para os problemas de estacionamento.

A gestão do estacionamento inclui uma variedade de estratégias como parte do **Sistema Inteligente de Transportes (ITS)** que influenciam as caraterísticas do tráfego de qualquer área:

- Utilização óptima dos parques de estacionamento existentes.
- Melhorar a qualidade do serviço prestado aos utilizadores.
- Melhorar o parque de estacionamento e a sua conceção.
- Separação adequada dos veículos em movimento e dos veículos parados.

Alguns dos melhores conceitos sobre gestão de estacionamento são fornecidos por **Todd Litman** do ***Victoria Transport Policy Institute***. Várias das suas ideias, publicadas em novembro de 2008 sob o título **'Parking Management Strategies, Evaluation and Planning'**, *são aqui discutidas como se segue:*

2.3.1 Objectivos da gestão do estacionamento

As soluções de gestão tendem a ser melhores do que a expansão da oferta porque apoiam objectivos de planeamento mais estratégicos. Alguns destes objectivos são os seguintes:

- Planeamento comunitário mais compacto e multimodal (crescimento inteligente).
- Incentivar a utilização de modos alternativos e reduzir a utilização de veículos a motor (reduzindo assim o congestionamento do tráfego, os acidentes e a poluição).
- Melhoria das opções para os utilizadores e da qualidade do serviço, nomeadamente para os não condutores.
- Melhoria da flexibilidade de conceção, criando comunidades mais funcionais e atractivas.
- Capacidade para acomodar novas utilizações e responder a novas exigências.

2.3.2 Princípios de gestão do estacionamento

Estes 10 princípios podem ajudar a orientar a decisão de planeamento para apoiar a gestão do estacionamento.

- ***Escolha do consumidor***. As pessoas devem ter opções viáveis de estacionamento e de deslocação.
- ***Informação aos utilizadores.*** Os **automobilistas** devem dispor de informações sobre as suas opções de estacionamento e de deslocação.
- ***Utilização eficiente.*** Os parques de estacionamento devem ser dimensionados e geridos de forma a que os lugares sejam frequentemente ocupados.

- ***Flexibilidade.*** Os planos de estacionamento devem ter em conta a incerteza e a mudança.
- ***Definição de prioridades.*** Os espaços mais desejáveis devem ser geridos de modo a favorecer as utilizações de maior prioridade.
- ***Preços.*** Na medida do possível, os utilizadores devem pagar diretamente pelos parques de estacionamento que utilizam.
- ***Gestão dos picos de consumo.*** Devem ser feitos esforços especiais para lidar com os picos de procura.
- ***Qualidade vs. quantidade.*** A qualidade do parque de estacionamento deve ser considerada tão importante como a quantidade, incluindo a estética, a segurança, a acessibilidade e a informação ao utilizador.
- ***Análise abrangente.*** Todos os custos e benefícios significativos devem ser considerados no planeamento do estacionamento.

2.3.3 Benefícios da gestão de estacionamento

Os benefícios de um sistema de gestão de estacionamento eficiente são muitos, desde sociais, ambientais, económicos, etc. Os mais importantes são o benefício social para os utilizadores e a utilização óptima dos recursos do solo, que não estão disponíveis de forma adequada para o planeamento de novos projectos. Quando todos os impactos são considerados, uma melhor gestão é frequentemente a melhor solução para os problemas de estacionamento. Os benefícios de um plano de gestão de estacionamento incluem

- ***Melhoria da qualidade do serviço.***
  Muitas estratégias melhoram a qualidade do serviço prestado aos utilizadores, fornecendo melhores informações, aumentando as opções para os consumidores, reduzindo o congestionamento e criando instalações mais atractivas.
- ***Localização e conceção mais flexíveis das instalações.***
  A gestão de estacionamento oferece aos arquitectos, projectistas e planeadores mais formas de abordar os requisitos de estacionamento.
- ***Geração de receitas.***
  Algumas estratégias de gestão geram receitas que podem financiar parques de estacionamento, melhorias nos transportes ou outros projectos importantes.
- ***Suporta a gestão da mobilidade.***
  A gestão do estacionamento é uma componente importante dos esforços para incentivar padrões de transporte mais eficientes, o que ajuda a reduzir problemas como o congestionamento do tráfego, os custos das estradas, as emissões de poluição, o consumo de energia e os acidentes de viação.
- ***Redução dos custos das instalações.***
  Reduz os custos para os governos, as empresas, os promotores e os consumidores.
- ***Reduz o consumo de terra.***
  A gestão do estacionamento pode reduzir as necessidades de terrenos, ajudando assim a preservar os espaços verdes e outros recursos ecológicos, históricos e culturais valiosos.
- ***Apoia o trânsito e o crescimento inteligente.***
  A gestão do estacionamento apoia o desenvolvimento orientado para o trânsito e a utilização do trânsito.

- ***Apoia os objectivos de equidade.***
  As estratégias de gestão podem reduzir a necessidade de subsídios de estacionamento, melhorar as opções de deslocação para quem não conduz e proporcionar poupanças financeiras a todos os grupos de rendimentos.

2.3.4 Estratégias de gestão de estacionamento

Existem várias estratégias utilizadas pelos planeadores em todo o mundo para ultrapassar o problema do estacionamento nas cidades. Algumas dessas estratégias bem-sucedidas são discutidas a seguir:

- ***Estacionamento partilhado.***
  Estacionamento partilhado significa que um parque de estacionamento serve múltiplos utilizadores ou destinos. Isto é mais bem sucedido se os destinos tiverem diferentes períodos de pico, ou se partilharem os utentes para que os automobilistas estacionem numa instalação e caminhem para vários destinos.
- ***Regulamento de estacionamento.***
  Os regulamentos de estacionamento controlam quem, quando e durante quanto tempo os veículos podem estacionar num determinado local, a fim de dar prioridade à utilização do parque de estacionamento.
- ***Melhorar a informação do utilizador e o marketing.***
  A informação ao utilizador diz respeito à informação aos viajantes sobre a disponibilidade, o preço e a regulamentação do estacionamento, bem como sobre as opções de deslocação, como andar a pé, a partilha de boleias e o trânsito.
- ***Aumentar a capacidade dos parques de estacionamento existentes.***
  Refere-se ao aumento da oferta de estacionamento sem recorrer a mais terrenos ou a grandes construções, como a utilização de áreas atualmente desperdiçadas ou subdesenvolvidas.
- ***Melhorar a aplicação e o controlo.***
  Refere-se à aplicação mais frequente, mais eficaz e mais atenta das regras de estacionamento e dos requisitos de tarifação.
- ***Estacionamento à distância e serviço de transporte.***
  Isto envolve muitas vezes instalações partilhadas, tais como trabalhadores de escritório que estacionam no parque de estacionamento de um restaurante durante o dia, em troca de empregados do restaurante que utilizam o parque de estacionamento do escritório.
- ***Reforma da taxa de estacionamento.***
  A reforma da fiscalidade do estacionamento inclui várias políticas fiscais que apoiam a gestão do estacionamento, incluindo impostos sobre o estacionamento comercial e taxas de estacionamento por lugar e, por conseguinte, podem reduzir a oferta de estacionamento.
- ***Melhoria dos preços de estacionamento.***
  É utilizada para recuperar os custos do parque de estacionamento ou para obter receitas para construir mais infra-estruturas. As tarifas devem ser fixadas de modo a otimizar a utilização do estacionamento, o que se designa *por preços baseados no desempenho.* Devem ser utilizados métodos de pagamento como (facturas, cartões inteligentes, cartões de débito, telemóveis e Internet).
- ***Melhorar a conceção e o funcionamento dos parques de estacionamento.***
  A conceção e o funcionamento dos parques de estacionamento, com uma boa gestão, permitem integrar melhor os parques de estacionamento, melhorar a qualidade do serviço prestado aos utentes e apoiar a

gestão do estacionamento.

2.2 Conceito de Park and Ride

As instalações de **Park and Ride** (ou estacionamento de incentivo) são parques de estacionamento com ligações aos transportes públicos que permitem aos trabalhadores pendulares e a outras pessoas chegarem aos seus destinos deixando os seus veículos pessoais num parque de estacionamento e transferindo-os para os transportes públicos, ou seja, autocarro, MRTS, LRT ou carpool para o resto da viagem. O Park & Ride consiste em instalações de estacionamento em estações de trânsito, paragens de autocarro e rampas de acesso a auto-estradas, especialmente na periferia urbana, para facilitar a utilização partilhada de transportes e viagens.

O objetivo da promoção do Park and Ride é reduzir estes problemas, facilitando a utilização dos transportes públicos numa zona urbana com congestionamento de tráfego e reduzindo a necessidade de mais parques de estacionamento centrais

onde existem pedidos concorrentes de utilização do solo. Os parques de estacionamento estão geralmente localizados nos arredores das grandes cidades ou nos subúrbios das áreas metropolitanas.

O estacionamento é geralmente gratuito ou significativamente mais barato do que nos centros urbanos. O Park & Ride é mais apropriado na periferia de grandes áreas urbanas. Tende a ser mais eficaz como parte de um esforço abrangente para incentivar o trânsito e as deslocações pendulares com partilha de boleias. Um número excessivo de Park & Ride pode ser indesejável nas imediações de estações de trânsito que pretendam dar ênfase ao Desenvolvimento Orientado para o Trânsito.

Fig. 2.1: Sinalética para Park and Ride

2.4.1 Benefícios do Park-and-Ride

- Os sistemas de "park and ride" evitam as dificuldades e os custos de estacionamento no centro da cidade.
- As instalações de estacionamento e transporte permitem que os utentes evitem o stress de conduzir numa parte congestionada do seu trajeto e de ter de enfrentar um estacionamento escasso e dispendioso no centro da cidade.
- Os operadores de transportes utilizam os parques de estacionamento para incentivar práticas de condução mais eficientes, reservando lugares de estacionamento para veículos de elevada ocupação ou para a partilha de automóveis.
- Reduz o congestionamento nas estradas.
- Protege o ambiente ao reduzir o número de automóveis nas estradas.
- A segurança rodoviária aumenta com mais transportes públicos em serviço e menos conflitos entre

veículos.

- Reduz o tempo de deslocação nas cidades metropolitanas que assistem à explosão de automóveis na era moderna.
- Reduz as despesas de deslocação.
- Reduz as deslocações de veículos no período de ponta.
- Utilização óptima dos transportes públicos e das infra-estruturas de transportes urbanos.

2.4.2 Princípios do Park and Ride

- Deverá ser desenvolvido como parte de um programa global de melhoria do trânsito e da partilha de boleias.
- Por razões de segurança, deve estar situado à vista das empresas ou das habitações.
- Deve incluir cacifos para armazenamento de bicicletas ou outro tipo de armazenamento seguro para bicicletas, se houver procura.
- Fornecer aos condutores informações convenientes sobre a localização das instalações Park & Ride, a disponibilidade de espaço, as partidas dos comboios e as condições das estradas a jusante.
- Normalmente, é melhor ter várias instalações Park & Ride mais pequenas em diferentes locais, em vez de uma grande.

2.4.3 Impactos na equidade

- Trata toda a gente de forma igual.
- Progressivo em relação ao rendimento e Os indivíduos suportam os custos que impõem.
- Beneficia os transportes desfavorecidos.

2.4.4 Tipos de parques e passeios

- ***Partilha de automóveis Park and Ride***
  Esta facilidade reduz o número de veículos na estrada, promovendo a partilha de automóveis sem qualquer envolvimento dos transportes públicos.

- ***Parque de autocarros***
  Instalações de "park and ride", com parques de estacionamento dedicados e serviços de autocarro

Fig. 2.2: Três tipos diferentes de instalações de Park and Ride - Autocarro, Metro e Kiss 'n' Ride

- ***Park and Ride de comboio ou de metro***
  As estações ferroviárias ou de metro são promovidas como um parque de estacionamento para locais distantes.

- ***Kiss Park and Ride***
  Esta facilidade permite aos condutores parar e estacionar temporariamente, em vez do estacionamento de longa duração.

2.3 Conceito de Parque e Passeio

Donald Shoup, no seu livro "**The high Cost of Free parking**" (**O elevado custo do estacionamento gratuito**). Trata-se de um modelo que tem em conta a forma como a localização do estacionamento afecta os custos monetários e de tempo da condução. O modelo é uma tentativa de encontrar a distância ideal de estacionamento do destino, de modo a minimizar os custos totais de tempo e dinheiro, de condução, de estacionamento e de deslocação a pé. Como mostra a figura acima, a distância entre os destinos e a origem da viagem é 'D' e o carro é estacionado a uma distância 'L' do destino. Assume-se que uma pessoa percorre a distância 'L' depois de estacionar o carro.

A função de custo generalizado (G) para toda a viagem é dada por:

$$G = 2a(D - L) + \left[\frac{2nv(D - L)}{s}\right] + tp(L) + \left[\frac{2nvL}{w}\right]$$

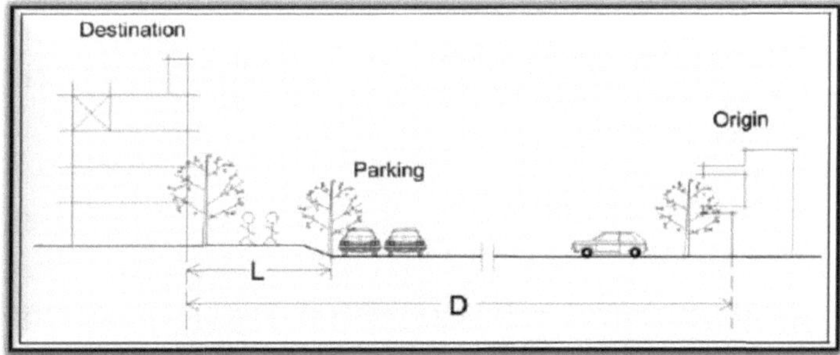

Fig 2.3: Diagrama concetual para Park and Walk

Onde,
a = custo de exploração do veículo (por unidade de distância)
L = distância do lugar de estacionamento ao destino final
D = distância da origem ao destino
n = número de pessoas no automóvel
p (L) = preço do estacionamento a uma distância "L" do destino (por unidade de tempo)
s = velocidade do veículo desde a origem da viagem até ao lugar de estacionamento
t = duração do estacionamento
w = velocidade de deslocação do lugar de estacionamento até ao destino final
v = valor do tempo (por pessoa)
O problema reduz-se agora ao cálculo da distância óptima 'L' de modo a que o custo generalizado seja minimizado.
Assim, igualando (dG/dL) a 0, obtemos o valor de L para um conjunto de valores dados dos outros parâmetros, de modo a que G seja mínimo.

2.4 Políticas de estacionamento no estrangeiro

A eficácia das políticas de estacionamento no estrangeiro não teve qualquer impacto no Reino Unido. A política de restrição do estacionamento actuou como uma medida para reduzir as tendências de motorização em Londres, pelo que, em primeiro lugar, é apresentada uma panorâmica das políticas de estacionamento em Londres e, em seguida, é apresentado um quadro comum das políticas de estacionamento para outras três cidades como Perth, Vancouver e Leicester. Em seguida, são delineadas as caraterísticas comuns das políticas de estacionamento nessas cidades. Em seguida, os vários esforços na Índia para definir as normas e padrões de estacionamento, bem como a política de estacionamento, são destacados nas secções seguintes.

2.4.1 Londres

A partir de meados dos anos 60, as políticas de estacionamento em Londres têm como um dos seus objectivos a moderação da procura de tráfego rodoviário. O plano da Grande Londres aprovado nos anos 70 tinha quatro objectivos principais:

1. A manutenção e a melhoria dos serviços de transportes públicos.
2. A contenção do tráfego rodoviário em zonas e períodos congestionados do dia.
3. A gestão e a melhoria do sistema rodoviário.
4. A harmonização do ordenamento do território e do desenvolvimento dos transportes.

As autoridades consideraram que as políticas de estacionamento são o instrumento correto para encontrar o equilíbrio entre facilitar o bom funcionamento da cidade e manter os volumes de tráfego dentro das capacidades físicas e ambientais do sistema rodoviário. Assim, foi iniciado o trabalho de formulação das políticas de estacionamento. A Grande Londres tem seis tipos de parques de estacionamento:

- Estacionamento regulamentado junto à berma.
- Estacionamento não regulamentado junto à berma.
- Estacionamento residencial fora da rua.
- Estacionamento público na rua.
- Estacionamento privado não residencial.
- Estacionamento na estação.

De acordo com o plano de desenvolvimento de 1970, a estimativa mostrava que as zonas exteriores tinham mais parque de estacionamento fora da rua (966 mil parque de estacionamento fora da rua), mas as zonas interiores tinham mais parque de estacionamento na rua (1113 mil parque de estacionamento na rua). Com o aumento do número de automóveis, o estacionamento tornou-se o principal problema de preocupação, uma vez que ultrapassou a oferta existente. Surgiram também outros problemas relacionados com o estacionamento que causaram congestionamento. As políticas formuladas são agora discutidas.

Políticas de estacionamento de Londres

Nos casos em que as restrições de estacionamento são aplicadas pela polícia, o estacionamento na rua só será restringido quando for necessário para melhorar significativamente o fluxo de tráfego, para eliminar obstáculos à visibilidade ou aos movimentos de viragem, para reduzir o perigo e os acidentes. Isto melhorará a qualidade de vida dos residentes, dos compradores e dos outros utentes da estrada, reduzindo os conflitos entre veículos e peões/ciclistas e a velocidade dos veículos.

1. O espaço da rua nas zonas interiores é atribuído de acordo com as seguintes prioridades:
    - No interesse da segurança e da circulação do tráfego, os anúncios de rua e outros pontos críticos devem ser mantidos livres de veículos parados, tanto à espera como a carregar.
    - Deve ser criado um número razoável de lugares de estacionamento de curta duração, em grupos perto dos centros de atração e em menor número noutros locais, com parquímetros que imponham limites de tempo (até 2-5 horas).

2. O estacionamento na rua deve ser cobrado com base no seguinte
    - Os residentes devem normalmente pagar uma taxa mínima de Rs15/dia (exceto aos sábados e domingos) pelo espaço na reserva de um proprietário de automóvel residente.

- As tarifas dos contadores de médio e curto prazo devem ser fixadas de modo a igualar a procura a cerca de 85% da oferta, de modo a que um espaço em cada seis ou sete esteja normalmente disponível.
- O regime de tarifação incluía o rápido aumento das taxas para períodos de estacionamento superiores a cinco horas. £70 por cinco horas e £1,10 por hora para períodos mais longos.

3. O sistema geral de informação sobre o estacionamento, em termos de sinalização e outros pormenores, deve ser uniforme em toda a zona, com exceção de certas variações em casos especiais.
5. Em todos os casos, prevê-se que o controlo seja efectuado durante o dia útil nos dias úteis, das 08h00 às 18h30, de segunda a sexta-feira, com horários variáveis dentro destes limites ao sábado.
6. O reboque ou o bloqueio das rodas dos veículos estacionados ilegalmente e a subcontratação do reboque ou do bloqueio dos veículos a um contratante privado para atingir a eficácia.
7. Será incentivada a criação de zonas de estacionamento controlado, incluindo lugares para parquímetros, sistemas de pagamento e afixação, sistemas de cupões, motociclos, ciclistas, etc., para aliviar os problemas de estacionamento de longa duração nos centros das cidades, estações e outras áreas de grande procura.
8. As restrições de estacionamento serão sempre consideradas num raio mínimo de 0,5 milhas de uma zona de grande procura.

Estas medidas de controlo levaram à redução do estacionamento na rua no centro de Londres de 15 000 lugares em 1970 para 12 000 lugares em 1990 e melhoraram a circulação de veículos nas zonas interiores. Em comparação com o crescimento nacional de veículos no Reino Unido (64%) ao longo de 20 anos, o crescimento em Londres foi de apenas 24%, o que constitui um dos resultados da política de contenção do estacionamento, aliviando assim o centro de Londres. A utilização de transportes públicos aumentou de 10% para 18% em vinte anos e as políticas contribuíram para a redução da tendência de motorização.

2.4.2 Leicester

- Retirar determinadas utilizações das zonas centrais.
- Criação de parques de estacionamento de transferência na periferia dos centros das cidades.
- A penetração dos transportes públicos nos centros das cidades deve ser incentivada e a dos modos privados desencorajada.
- Segregação espacial do estacionamento de longa duração e de curta duração.

2.4.3 Vancouver

- Prever, sempre que possível, estacionamento com parquímetro nas ruas centrais.
- Durante as horas de ponta, é proibido estacionar na berma.
- Para descongestionar a zona central, deve ser previsto estacionamento fora da rua na periferia do centro da cidade.
- Sempre que o estacionamento na rua não afecte os fluxos de tráfego, é encorajado.

2.4.4 Caraterísticas comuns das políticas de estacionamento no estrangeiro

Das apólices acima enumeradas, as caraterísticas comuns podem ser enumeradas do seguinte modo:

- Certas utilizações devem ser deslocadas da zona de atividade.
- Nas zonas de atividade, o estacionamento deve ser mais reduzido para desencorajar a utilização de veículos privados.
- Durante as horas de ponta, o estacionamento de curta duração é igualmente proibido para permitir um

fluxo eficiente de veículos.

- A oferta de estacionamento baseia-se na procura, ou seja, a oferta segue rigorosamente a procura.
- Os parques de estacionamento de longa duração fora da rua devem ser instalados na periferia das zonas de atividade e os utilizadores de longa duração não devem estacionar dentro da zona de atividade.
- O estacionamento de longa duração deve ser tarifado, ou seja, devem ser impostas taxas para desencorajar a utilização a longo prazo do escasso espaço disponível.
- A gestão da oferta e da procura é o principal objetivo de todas as políticas de estacionamento.

2.5 Sistema de estacionamento indiano

De um modo geral, todos os espaços vazios são considerados lugares de estacionamento, independentemente da sua localização e do facto de se encontrarem na rua ou fora dela. Os hábitos de estacionamento das pessoas tornaram-se direitos herdados de estacionar em qualquer lugar e a qualquer hora. As pessoas estacionam em locais inseguros, como as faixas de rodagem ou ao longo da rede de ruas, uma vez que não têm preços. O estacionamento não regulamentado, na rua ou fora dela, está a provocar congestionamentos de tráfego e incómodos para as pessoas, o que resulta em perdas para a sociedade, e a poluição criada está a degradar a qualidade do ambiente.

2.5.1 Sistema de gestão de estacionamento indiano

O sistema de gestão de estacionamento existente é bastante desorganizado, uma vez que não existem políticas de planeamento e de estacionamento adequadas. A aplicação da política de estacionamento também impede uma gestão adequada do estacionamento na Índia. As lacunas na gestão do estacionamento na Índia devem-se ao facto de o sistema

organizar o estacionamento e não as pessoas e os seus hábitos. Na Índia, o estacionamento ainda não é considerado como uma área de gestão crucial para um melhor controlo do tráfego. As autoridades municipais apenas disponibilizam lugares de estacionamento adicionais para gerir a procura de estacionamento.

Considerando a gestão de estacionamento como um negócio insignificante, os operadores não qualificados que não possuem conceitos básicos de gestão de tráfego estão a apresentar-se como operadores privados. Estes operadores consideram a gestão do estacionamento como um negócio rentável, o que os leva a concentrarem-se apenas na maximização das receitas. Permitem que o maior número possível de veículos estacione sem ter em conta o espaço regulamentar deixado para a circulação dentro das instalações. Estes contratantes privados estão a negligenciar a prestação de melhores serviços aos utentes e a segurança dos veículos estacionados. O sistema de aplicação da lei existente é muito fraco e não consegue criar impacto no controlo efetivo dos infractores das regras de estacionamento. Esta debilidade pode dever-se à falta de recursos económicos, de mão de obra suficiente ou de sinceridade do pessoal.

2.6 Formulação da política

2.6.1 Política de estacionamento

A política de estacionamento é definida como um conjunto de objectivos, estratégias e programas de ação ou um conjunto de medidas a tomar como programa, a fim de dar coerência e continuidade aos cursos de ação para atingir os objectivos desejados. A política de estacionamento trata essencialmente da forma de alcançar um equilíbrio entre a procura e a oferta e os dois métodos são discutidos a seguir:

I. ***Aumentar a oferta para satisfazer a procura***

Para encontrar um equilíbrio entre a procura e a oferta, a primeira opção é aumentar a oferta de acordo com a procura. É no aumento da oferta que a maioria das autoridades urbanas se concentra, o que atrai mais veículos para as zonas e, consequentemente, exerce maior pressão sobre as infra-estruturas de transportes.

II. *Reduzir a procura para alcançar a oferta*

Este método pode ser viável na prática, mas o controlo da procura não é uma solução permanente. O controlo da procura a longo prazo exige uma reformulação de vários esforços de planeamento que podem não ser considerados sólidos. Algumas das medidas neste contexto
área são:

- Controlo de FSI ou FAR
- Por um sistema de transporte de fichas
- Controlo do crescimento dos veículos
- Tarifa de utilização da estrada
- Aumentar a quota de transportes públicos
- Aumento da taxa de estacionamento

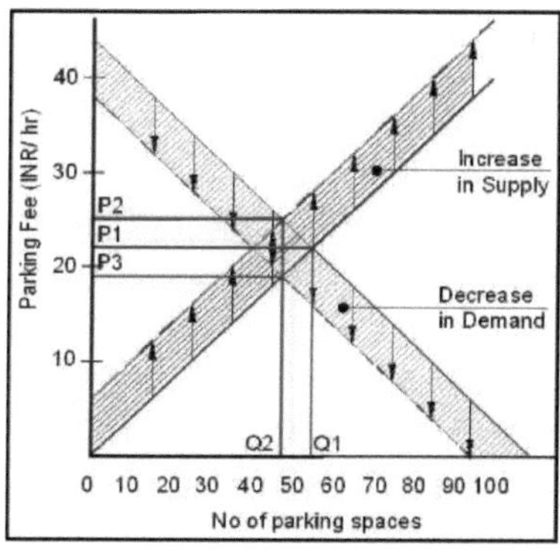

Fig. 2.4: Gráfico da procura e da oferta

2.6.2 Política de estacionamento de Deli

Delhi é a primeira cidade do país a formular uma política de estacionamento. Em novembro de 2005, a EPCA reviu o projeto e concluiu que se centrava apenas na oferta de estacionamento e recomendou a integração de princípios de contenção de tráfego. Finalmente, em março de 2006, o governo de Delhi finalizou a política de estacionamento, tendo aceite a recomendação da EPCA - "***Concentrar-se na gestão da procura através do controlo do estacionamento e da fixação de preços em vez de aumentar a oferta***".

A política de estacionamento mostra claramente que os planos de ação de todas as agências cívicas e de desenvolvimento visam aumentar a oferta de lugares de estacionamento e pouco as medidas de controlo da procura. Uma componente essencial do lado da oferta é que todos os planos de ação têm em comum a criação de parques de estacionamento de vários níveis e de parques subterrâneos. No entanto, a polícia de Deli, o organismo responsável pelo controlo do estacionamento na cidade, propôs um plano de ação para limitar a procura de estacionamento na cidade.

2.6.3 Gestão de parques de estacionamento em Deli

Atualmente, a gestão do estacionamento na cidade está fragmentada entre diferentes agências - a Corporação Municipal de Deli (MCD) que presta serviços municipais a cerca de 94% da área terrestre de Deli, o Conselho Municipal de Nova Deli (NDMC) que atende a 3% e a Agência de Desenvolvimento de Deli (DDA) que é o organismo que estabelece as normas de construção na cidade. Para além destas agências, os Caminhos-de-Ferro do Norte e a Delhi Metro Rail Corporation (DMRC) também possuem e gerem os parques de estacionamento ligados aos transportes públicos - comboios ou metro.

A polícia de trânsito de Deli é responsável pela aplicação das leis de estacionamento nas estradas e mantém alguns corredores de tráfego chave como zonas de "não estacionamento". O departamento de transportes de Deli não tem qualquer papel direto na regulamentação do estacionamento, mas espera-se que aborde a questão através de uma política global de transportes para a cidade. Além disso, o departamento de desenvolvimento urbano do governo de Deli formulou a política de estacionamento em coordenação com as agências municipais e de desenvolvimento, juntamente com a EPCA.

2.7 Abordagens actuais ao planeamento do estacionamento

A abordagem atual ao planeamento do estacionamento é semelhante em todo o mundo. A convenção geral consiste em estabelecer "requisitos mínimos de estacionamento" para cada utilização do solo, de acordo com as normas. O problema é que os requisitos mínimos se revelam inadequados para as necessidades de estacionamento em diferentes zonas e em diferentes alturas. As políticas feitas à medida são copiadas de uma cidade para outra devido a limitações de tempo e de recursos e os resultados são bastante indesejáveis, o que, por vezes, conduz a outros problemas. Estas más práticas devem ser travadas e devem ser elaboradas políticas específicas para cada caso, a fim de resolver o problema do estacionamento em qualquer cidade.

O Planning Advisory (PAS) publicou uma série de inquéritos nacionais que os planeadores devem consultar para conhecer os requisitos de estacionamento das cidades. Estes inquéritos dizem quantos lugares de estacionamento as cidades exigem, não quantos uma cidade deveria exigir. No entanto, a PAS descobriu que os planeadores copiam os requisitos de outras cidades porque têm poucas alternativas.

A PAS conduziu cinco pesquisas sobre requisitos de estacionamento desde 1964, e os resultados sugerem duas caraterísticas principais do planejamento de estacionamento. Em primeiro lugar, as exigências de estacionamento são muitas vezes copiadas de outras cidades e, em segundo lugar, são baseadas em poucas evidências - ou nenhuma. As principais conclusões da PAS são:

- Os pressupostos subjacentes utilizados na elaboração dos requisitos de estacionamento são desconhecidos. *PAS (1964)*
- Copiar os requisitos de estacionamento de outras cidades pode simplesmente repetir os erros de outrem. *PAS(1971)*
- Para cada uso do solo cuja demanda de estacionamento os planejadores sabem alguma coisa, pelo menos uma dúzia permanece um mistério. PAS *(1983,15)*
- Por vezes, as distorções absurdas da lógica na forma como as normas foram redigidas tornam impossível dizer qual das duas cidades exige mais estacionamento para a mesma utilização do solo. *PAS (1991,1)*
- Muitas comunidades criaram normas de estacionamento que exigem que os empreendimentos construam lugares de estacionamento muito superiores à procura. *PAS (2002,6)*

Outra estratégia comum adoptada para definir os requisitos de estacionamento é a consulta dos relatórios Parking Generation. Nos Estados Unidos, o relatório Parking Generation publicado pelo Institute of Transportation Engineers (ITE) é uma fonte comum de informação sobre estacionamento, utilizada pelos planeadores. No entanto, existem também desvantagens fundamentais na adoção desta estratégia.

Por exemplo, os planejadores nos Estados Unidos geralmente oferecem 10 vagas de estacionamento por

1000 pés quadrados de área construída para restaurantes. A base é uma pesquisa de geração de estacionamento conduzida pela ITE em 1987, onde os dados coletados consistiam na área bruta locável de restaurantes e o pico correspondente de vagas de estacionamento ocupadas num único dia.

As taxas de geração de estacionamento nos 18 estudos realizados variam entre 3,55 e 15,92 vagas por 1.000 pés quadrados de área locável. O maior restaurante gerou, de facto, um dos picos mais baixos de ocupação de estacionamento. Acima de tudo, o R-quadrado quase nulo confirma que a demanda de estacionamento não está relacionada com a área útil nesta amostra em particular. No entanto, o ITE confirmou a taxa média de geração de estacionamento da amostra com precisão de 9,95 vagas por 1.000 pés quadrados de área útil.

Isto prova que a procura de estacionamento não está frequentemente relacionada com a área útil de uma determinada utilização do solo. Os inquéritos específicos ao local e uma compreensão holística do comportamento dos utentes/motoristas são a chave para um planeamento eficiente do estacionamento.

Os planeadores de transportes e os urbanistas devem ter sempre em mente o aviso de Lewis Mumford, quando planeiam o estacionamento: "O direito de aceder a todos os edifícios da cidade através de um automóvel particular, numa época em que todos possuem esse veículo, é na verdade o direito de destruir a cidade."

2.7.1 Os efeitos das actuais políticas de estacionamento

O estacionamento é uma parte passiva mas importante do sistema de transportes. Afecta fortemente a geração de viagens, a escolha do modo de transporte, a utilização dos solos, a conceção urbana e a forma urbana. Alguns dos efeitos desastrosos de políticas de estacionamento inadequadas podem ser observados nas cidades:

- Distorção em forma urbana.
- Degradação na conceção urbana.
- Aumento dos preços da habitação.
- Expansão urbana.
- Escolhas de transporte distorcidas.
- Desigualdade social.
- Discriminação de preços.

Como diz o famoso economista e professor de planeamento urbano Donald Shoup, estas políticas de estacionamento não são propriamente um desastre, mas estão a minar lenta e misteriosamente a força de uma cidade, tal como o veneno de chumbo faz a um ser humano.

2.8 Abordagem correta para o planeamento do estacionamento

Os problemas de estacionamento só podem ser resolvidos se forem efectuados estudos exaustivos específicos para cada local, a fim de avaliar eficazmente a procura de estacionamento. Além disso, devem ser tomadas medidas simultâneas para reduzir a procura de estacionamento, identificando e manipulando adequadamente os factores ou parâmetros que influenciam a procura de estacionamento num determinado local. Isto pode reduzir significativamente a utilização do automóvel e incentivar a utilização dos transportes públicos. Para além disso, os custos de estacionamento devem também ser avaliados e cobrados de forma adequada, a fim de tornar a política de estacionamento sensata, eficaz e justa.

CAPÍTULO 3. ESTUDOS DE CASO

O estudo necessário para compreender os diferentes aspectos da gestão e as lacunas na gestão do estacionamento deve ser efectuado com base em estudos de casos reais. Os estudos de caso foram selecionados com base na sua semelhança com a zona de estudo em termos de actividades, função, caraterísticas e volume de tráfego, público, etc.

3.1 Estacionamento Palika em Connaught Place (Connaught Circus), Nova Deli

O CBD (Central Business District) de Deli Connaught Place (oficialmente Rajeev Chowk) é um dos maiores centros financeiros, comerciais e empresariais da Índia. A área foi concebida em 1932 como uma obra de arte da Deli de Lutyen e é imediatamente reconhecível no mapa de Deli, sendo a grande forma circular com estradas radiais que **se** estendem em todas as direcções. 12 estradas diferentes partem de Connaught Circus, o anel exterior com oito estradas separadas conduzem ao círculo interior de Connaught.

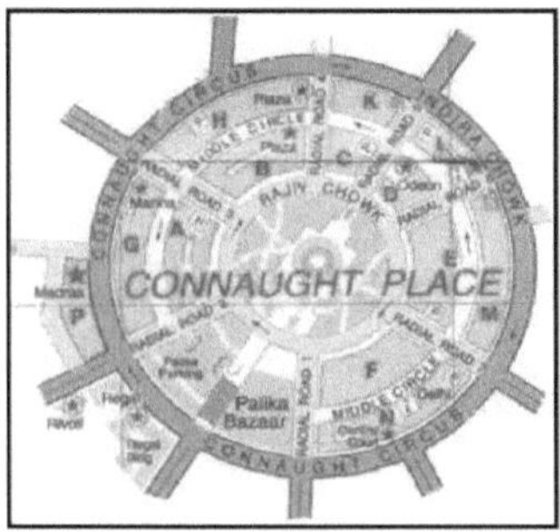

Mapa. 3.1: Plano de Connaught Place

Caraterísticas do tráfego

O tráfego na zona é tanto público como privado, mas apenas os veículos privados procuram estacionamento na zona e nas imediações. A escolha do modo de transporte para as pessoas é predominantemente o transporte público, mas, sendo o CBD, atrai um grande número de veículos privados ao longo do dia. Os veículos comerciais de grandes dimensões, como camiões e veículos multiaxiais, são proibidos na zona e nas suas imediações para facilitar o fluxo de veículos e evitar o caos rodoviário.

Fig. 3.1: Parque de estacionamento na rua em Connaught Place

As populares instalações de Park-and-ride têm sido bastante proeminentes nesta parte da cidade, uma vez que Connaught place está ligada a todas as partes de Deli muito bem com todos os modos de transporte público, como MRTS, autocarro e triciclos, de forma muito eficiente. Sendo ainda o CBD, atrai um grande número de veículos privados devido às actividades comerciais na zona e nas suas imediações.

Cenário de estacionamento

O estacionamento na zona e nas imediações consiste num grande número de parques de estacionamento à superfície e no parque subterrâneo Palika Parking. O Palika Parking é um dos mais antigos parques de estacionamento subterrâneos de vários níveis do país, em funcionamento desde 1984. As estatísticas vitais são apresentadas de seguida:

Quadro 3.1: Pormenores do parque de estacionamento Palika em Connaught Place

Features	Ground Parking	Off-street Palika Parking
Capacity	1800 ECS	2000 (1250 cars + 750 two-wheelers)
Type	Surface, On-street Parking	Underground G+2 Basements Levels
Searching	Manual	Manual
Space Availability	Manual / visual	Computerized display
Parking time	8am to 10 pm (14 hrs)	8am to 10 pm (14 hrs)
Night time Parking	Not allowed	Available
Peak Volume	80-85% reported	75-80% reported
Parker Type	Mix of shoppers & officials	Mix of shoppers & officials
Rejection probability	Low	Low
Parking fees	Cars: • Rs 10 for first 4 hrs and Rs 5 for every successive hour 2-wheelers: • Rs 10 for first 4 hrs, Rs 15 for next 4 hrs	Cars: • Rs 10 for first 4 hrs and Rs 5 for every successive hour • Rs500/ month; Rs1000 / month for unregistered vehicles 2-wheelers: • Rs 10 for first 4 hrs, Rs 15 for next 4 hrs then Rs 25 for every successive hr • Rs300 / month

Fonte: Dissertação do CIM 2008 e Publicações do NDMC e sítio Web do NDMC

Observações

- O parque de estacionamento subterrâneo de Palika está subutilizado, com quase 500 lugares de estacionamento sempre vagos devido à existência de estacionamento à superfície na zona e nas imediações.
- A política de preços do estacionamento deve ser alterada para evitar o estacionamento à superfície e promover o estacionamento subterrâneo Palika fora da rua.
- O aumento da informatização do Palika Parking deve ser implementado o mais rapidamente possível, de modo a torná-lo fácil de utilizar e com um plano de gestão adequado.
- A falta de informações sobre a assistência a veículos no Palika Parking causa inconvenientes aos utilizadores de automóveis.

3.2 Parque de estacionamento e passeio do metro de Deli, Nova Deli

O tráfego cada vez maior nas estradas da cidade mudou a mentalidade dos habitantes de Deli, que estão a mudar para modos mais eficientes, rápidos, que poupam tempo e custos e são amigos do ambiente. As instalações de "park-and-ride" em 50 estações da rota ferroviária do metro de Deli reduziram significativamente o congestionamento em alguns dos destinos comerciais importantes do centro da cidade e influenciaram a escolha do modo de transporte dos passageiros. Para promover esta estratégia de "park-and-ride", a DMRC está a implementar em breve autocarros alimentadores nas estações de metro para que os utentes cheguem à sua porta o mais rapidamente possível, com um sistema integrado de cartões inteligentes para o MRTS e os autocarros alimentadores. A mesma estratégia está a ser preparada pela NCR Board para promover o transporte ferroviário suburbano de Deli, que é altamente subutilizado.

Cenário de estacionamento

Atualmente, 50 das 68 estações de Metro têm parques de estacionamento com um espaço total de cerca de 1.20.000 m2, nos quais podem ser acomodados cerca de 14.000 veículos de quatro rodas e 18.000 veículos de duas rodas. Os maiores parques de estacionamento situam-se nas estações de metro de Kanhaiya Nagar (7 042 m2), Janakpuri West (6 383 m2), Yamuna Bank (6 300 m2) e Patel Chowk (6 065 m2). É provável que o projeto seja alargado a outras estações de metro em breve. Alguns dos pormenores dos parques de estacionamento são apresentados a seguir:

Tabela 3.2: Ocupação das instalações de Park & Ride do Metro em várias estações

Parking Lots	Capacity (approx)	Occupancy before 9 am	Occupancy at 12 noon	Occupancy at 8 pm
Janakpuri West	800	>85%	>90%	50%
Yamuna Bank	400	>80%	>95%	40%
Vishwavidyalaya	500	10 %	100 %	10 %
Shastri Park	200	>90%	100 %	50 %
Seelampur	300	>90%	100 %	>50 %
Welcome	300	>90%	100 %	>50 %
Shahdara	200	>90%	100 %	>50 %

Fonte: Dissertação de 2008 da CIM e sítio Web da DMRC

Fig. 3.2: Parques de estacionamento da DMRC para os utentes do metro

As taxas de estacionamento são de 10 rupias para os automóveis e de 5 rupias para os veículos de duas rodas durante 10 horas e de 20 rupias e 10 rupias para além das 10 horas. Existe também uma disposição relativa às taxas mensais para os utilizadores diários, com uma taxa que varia entre 175-225-500 rupias/mês para os automóveis e 75-125-250 rupias/mês para os veículos de duas rodas. Existe uma disposição relativa ao estacionamento noturno, mas apenas para os verdadeiros utentes.

Observações

- A estratégia park-and-ride é promovida com tarifas de estacionamento baixas durante as horas de trabalho, influenciando assim a escolha do modo de deslocação dos utentes através de uma gestão adequada do estacionamento.
- Isto mostra como se pode mudar a psicologia dos trabalhadores pendulares com políticas de transporte adequadas.
- Algumas novas propostas de estacionamento gratuito de bicicletas nas proximidades de áreas potenciais

do Campus Norte da estação universitária de Deli são boas iniciativas para promover um modo de transporte amigo do ambiente.

3.3 Estacionamento em Nehru Place, Nova Deli

Nehru Place é um grande centro comercial, financeiro e empresarial em Deli. Nehru Place alberga a sede de várias empresas indianas e rivaliza com outros centros financeiros da metrópole, como Connaught Place, Bhikaji Cama Place, Rajendra Place, etc. É amplamente considerado como um importante centro da indústria de tecnologia da informação do sul de Deli. Esta zona comercial foi construída no início dos anos 80 e é constituída por vários edifícios de 4 pisos, que ladeiam um grande pátio pedonal, construído sobre um parque de estacionamento subterrâneo. Embora mal conservadas, a maior parte das estruturas originais ainda estão a ser utilizadas. Nehru Place é acessível por todas as formas de transporte público, uma vez que se encontra junto à Outer Ring Road, um arco que engloba grandes partes do Sul de Deli, e os serviços de autocarros são muito frequentes.

Fig. 3.3: Zona comercial de Nehru Place

Cenário de estacionamento

O complexo dispõe de três tipos de estacionamento: à superfície, subterrâneo e em vários níveis. Embora a maior parte do estacionamento seja feito à superfície, o estacionamento subterrâneo e o estacionamento de vários níveis são fornecidos para reduzir o enorme espaço utilizado para o estacionamento à superfície. A área situa-se num terreno privilegiado do sul de Deli, que deve ser utilizado em todo o seu potencial para gerar receitas ou proporcionar benefícios sociais aos utilizadores em termos de espaços recreativos e mais actividades no mesmo complexo. Esta zona mostra a importância da estratégia Park-and-Walk numa zona comercial. Uma das vantagens desta zona é a faixa de rodagem suplementar prevista para desviar e orientar os veículos para os parques de estacionamento, o que aumenta a comodidade das pessoas.

Estacionamento à superfície e subterrâneo

O estacionamento à superfície predomina sobre o subterrâneo e o multi-nível na zona. As baixas tarifas de estacionamento também contribuem para a preferência dos utilizadores pelo estacionamento à superfície em detrimento do estacionamento subterrâneo e de vários níveis. O estacionamento desordenado, com carros e veículos de duas rodas estacionados juntos, cria por vezes o caos.

Fig. 3.4: Parques de estacionamento da zona comercial de Nehru Place

As tarifas de estacionamento à superfície são de Rs10 (primeiras 4 horas) para automóveis. O estacionamento subterrâneo também tem menos preferência em relação ao estacionamento à superfície devido à distância necessária para caminhar. Os passeios são utilizados para estacionar veículos de duas rodas nos parques de estacionamento, o que leva os peões para a estrada ou para a via destinada aos veículos, criando conflitos entre eles. A venda de veículos em segunda mão também ocupa lugares de estacionamento aqui, o que deveria ser proibido.

Estacionamento em vários níveis

Foi criado um complexo de estacionamento de sete pisos em Nehru Place. Trata-se de um parque de estacionamento multinível em rampa com capacidade para acolher cerca de 1 000 ECS. Este complexo de estacionamento foi construído num terreno com uma área de 12 985 m2 . A área total de construção permitida (incluindo a cave) é de 60 550 m2 . Do total da área construída, 18.165 m2 (cerca de 30%) é a área permitida para actividades comerciais e os restantes 42.385 m2 são a área permitida para estacionamento e serviços.

As taxas de estacionamento aplicáveis a um automóvel são de 30 rupias por 1 hora, 50 rupias por 2 horas, 80 rupias por 4 horas e 120 rupias por 8 horas. Foi informado que se um carro estiver estacionado até às 12 horas da meia-noite, tem de ser paga uma taxa de estacionamento de 300 rupias, após o que são adicionadas as taxas horárias até o carro sair do parque de estacionamento. Atualmente, apenas dois andares estão operacionais - o primeiro e o quarto andar. Foi informado que o primeiro andar tem capacidade para acomodar 120 carros, enquanto 108 carros podem ser estacionados no quarto andar. Diariamente, este complexo de estacionamento multinível recebe cerca de 200 a 250 automóveis. As informações de campo indicam uma utilização muito fraca desta instalação. As baixas taxas de estacionamento do parque de superfície circundante são responsáveis pela sua fraca utilização.

Fig. 3.5: Estrutura de estacionamento privado de vários níveis na zona comercial de Nehru Place

Observações

- As tarifas dos parques de estacionamento múltiplos devem ser reduzidas para promover a sua utilização em detrimento do estacionamento à superfície.
- As taxas das horas de ponta devem ser aumentadas para desencorajar o tráfego e a procura de estacionamento em complexos.
- A utilização de caminhos pedonais como parques de estacionamento deve ser proibida.
- A venda de veículos em segunda mão deve ser proibida nestes parques de estacionamento.
- O novo corredor MRTS ao lado do complexo também reduzirá a procura de estacionamento.
- A zona carece de espaços verdes que deveriam ser construídos no espaço deixado pela redução do estacionamento à superfície.

3.4 Parque de estacionamento fora da rua em New Market, Calcutá (Simpark)

O New Market (antigo Sir Stuart Hogg Market) está situado na Lindsay Street, em Calcutá. O New Market é uma instituição comercial de Calcutá, com um labirinto de bancas que oferecem quase tudo o que se possa imaginar. Ainda hoje, na época dos modernos centros comerciais urbanizados, o New Market continua a ser o destino de todos os bengaleses para as famosas compras Puja durante a Durga Puja. O New Market tem uma vasta gama de artigos. É uma parte integrante da paisagem cosmopolita da cidade e satisfaz as necessidades da Calcutá moderna.

Fig. 3.6: Sistema de estacionamento automatizado Simpark em Kolkata

Estacionamento fora da rua

O parque de estacionamento é o primeiro parque subterrâneo totalmente informatizado de Calcutá. As estatísticas vitais são apresentadas de seguida:

Operacional a partir de	23rd abril de 2007
Custo de construção	35-40 Crores
Capacidade	280 carros
Tempo de serviço	70 segundos (média)
Taxa	Rs 10/hora +12,5% Imposto de Serviço
Total de pontos de entrada	5
Volume de pico	80-100 carros

Observações

- Falta de informação sobre a disponibilidade de lugares e as taxas de estacionamento.
- Estacionamento na rua permitido na zona (falta de gestão do estacionamento).
- Os clientes estão cépticos em relação ao estacionamento.

3.5 MAG Estacionamento Robótico no Portão Ibn Battuta, Dubai

O primeiro parque de estacionamento automático do Médio Oriente é a resposta do Dubai aos seus crescentes problemas de estacionamento e foi inaugurado em 12 de agosto de 2009. Foi construído principalmente como estacionamento eficiente em termos de espaço para os novos escritórios de Ibn Battuta Gate. O parque de estacionamento tem capacidade para 765 carros e é a peça central do Ibn Battuta Gate, com apartamentos, um hotel de 5 estrelas e um centro comercial.

Fig. 3.7: Estrutura do parque de estacionamento robótico MAG

O processo de estacionamento e recolha automáticos demora menos de 3 minutos. A tecnologia é da Robotic Parking, uma empresa norte-americana. O sistema é capaz de lidar com 250 processos de estacionamento por hora, mais rapidamente do que os parques de estacionamento normais com portões em rampa. O tempo de estacionamento ou de recuperação pode ser concluído em menos de 160 segundos. É possível que 32 carros estejam em movimento dentro do sistema de sete andares em qualquer altura. É seguro e protegido e, obviamente, não expõe a pintura cara aos elementos abrasivos durante as longas horas de expediente. As estatísticas vitais são apresentadas de seguida:

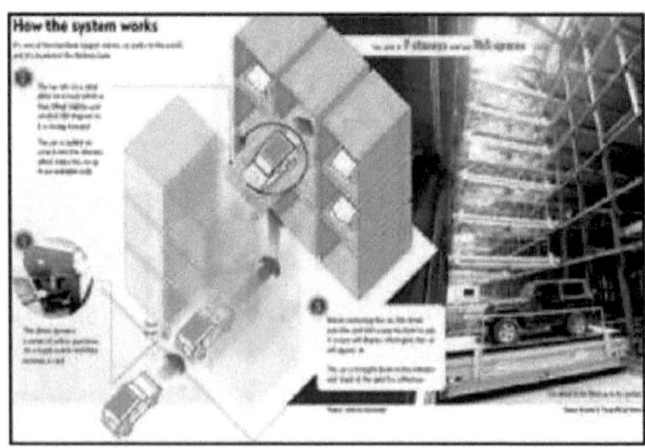

Fig. 3.8: Mecanismo do parque de estacionamento robótico MAG

Operacional desde	agosto de 2009
Capacidade	765 carros
Tempo	160 segundos ou menos de 3 minutos (Para estacionar e recuperar)
Pontos de entrada	7
Mecanismo	totalmente automatizado

Segurança elevada
Isento de taxas (a ser implementado em breve)
Número de histórias 7
Número de elevadores 8 funciona em simultâneo

Fig. 3.9: Sistema de pagamento por cartão inteligente no parque de estacionamento robotizado MAG

Observações

- Este estacionamento robotizado ocupa menos de metade do espaço necessário para o estacionamento convencional.
- Utilização mais inteligente do solo e do espaço para resolver os problemas de estacionamento de hoje e de amanhã.
- O cartão inteligente protege o automóvel contra casos de roubo.
- O consumo de energia neste tipo de estacionamento é enorme, mas a mão de obra necessária é muito reduzida.
- Reduz as emissões de CO2 em mais de 100 toneladas por ano, com reduções comparáveis noutros poluentes e gases com efeito de estufa. Além disso, poupa 9.000 galões de gasolina por ano.

3.6 Conclusão

Os estudos de caso ajudarão a identificar e analisar os problemas enfrentados pelos prestadores de serviços, bem como pelos utilizadores. Devem ser exploradas e adoptadas novas tecnologias para reduzir os custos das instalações e melhorar o nível de serviço. As conclusões dos estudos de caso serão tidas em conta no planeamento de futuras instalações de estacionamento.

CAPÍTULO 4. ÁREA DE ESTUDO

Deli, também conhecida como Território da Capital Nacional, estendida ao longo das margens do rio Yamuna, é uma das cidades de crescimento mais rápido na Índia e no mundo. É a maior metrópole da Índia em termos de área e, em termos de população, é a segunda maior metrópole da Índia, com quase 18 milhões de habitantes. É também a oitava maior metrópole do mundo em termos de população. Em 1997, Deli foi dividida em 9 distritos fiscais, dos quais Nova Deli é também a capital nacional da Índia.

Deli é um importante centro cultural, administrativo e comercial da Índia. Deli tornou-se uma metrópole multicultural e cosmopolita devido à migração de pessoas de todo o país devido ao seu rápido desenvolvimento e urbanização, juntamente com o rendimento médio relativamente elevado da sua população.

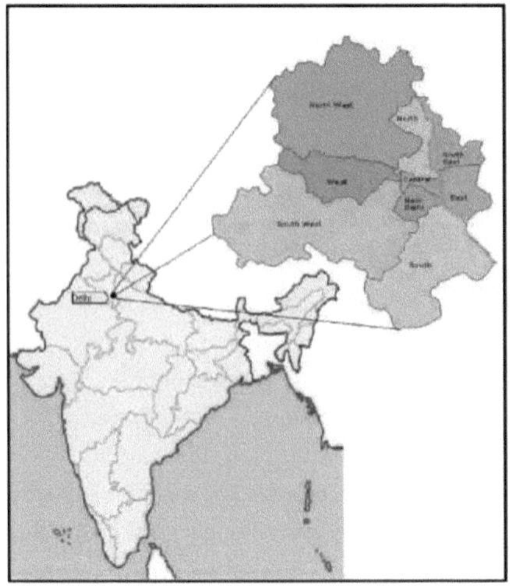

Mapa 4.1: Localização da área de estudo Delhi

O NCT tem três corporações municipais locais: Municipal Corporation of Delhi (MCD), New Delhi Municipal Council (NDMC) e Delhi Cantonment Board. A MCD é uma das maiores corporações municipais do mundo, fornecendo serviços cívicos a cerca de 13,78 milhões de pessoas e cobrindo 94% do território do NCT sob a sua jurisdição. Nova Deli está sob a administração da NDMC.

Fig. 4.1: Forte Vermelho, Deli

4.1 Breve história de Deli

Acredita-se que a cidade seja o local de Indraprastha, a lendária capital dos Pandavas no épico indiano Mahabharata. As povoações começaram a crescer a partir de 300 a.C., durante o tempo do Império Mauryan. . A dinastia Tomara fundou a cidade de Lal Kot em 736 d.C. Sete grandes cidades criadas por diferentes governantes - algumas delas transformaram-se em aldeias atualmente com esplêndidas ruínas, enquanto outras se assimilaram ao horizonte modernista. Estas ruínas contam a evolução dos estilos arquitectónicos de diferentes épocas e a síntese de várias culturas e influências. As sete cidades de Deli descobertas são:

- Quila Rai Pithora
- Mehrauli
- Siri
- Tughlakabad
- Firozabad
- Shergarh
- Shahjahanabad

4.2 Perfil da cidade

As diferentes faces da cidade são simplesmente fascinantes. Nalguns locais, continua a ser uma cidade-jardim, arborizada e com belos parques, mas nalgumas zonas pode também estar apinhada de trânsito intenso. A Lei da Constituição (Sexagésima Nona Emenda) de 1991 declarou que o Território da União de Deli passaria a ser formalmente conhecido como Território da Capital Nacional de Deli.

4.2.1 Informações básicas sobre a cidade

A informação básica sobre a cidade foi resumida na Tabela 4.1. O resumo contém informações sobre a situação geográfica, demográfica e económica da cidade.

Quadro 4.1: Informações de base sobre o NCT de Deli

Country	India
Geographical Location	28.38°N and 77.13°E
Elevation	239 m or 746 ft
Climate	Dry and Hot
Temperature	Summers: 30°- 47°, Winters: 0.2°- 25°
Annual Rainfall	714 mm
Total Area	1483 sq.km
Population	Approx. 17.44 million (2008-09 Economic Survey of Delhi)
Density	121 Persons/ Hectare
Growth Rate	3.9% Annual rate and 46.1% Decadal rate
Languages	Hindi, English, Urdu, Punjabi, Bengali and many more
Religions	Hindu 82%, Muslims 11.7%, Sikhs 4.0%, Christians 1.1%, Others
Sex Ratio	821 Females/ 1000 Males (Census 2001)
Literacy Rate	81.67% (Census 2001)
Per Capita Income	Rs 66,728.00 (2007)
Economy Sectors	Tertiary 70%, Secondary 25% and Primary 5% in SDP.
Civic Administrations	MCD (94%), NDMC (3%), DCB (3%), DDA
Neighboring States	Haryana, Uttar Pradesh
Satellite Towns in Central NCR	Gurgaon, Ghaziabad, Faridabad, Noida, Manesar and more.

Fonte: Inquérito Económico de Deli 2008-09, Censos 2001, www.wikipedia.com

4.3 Conectividade

Ar

Deli está ligada por via aérea a todas as principais cidades da Índia e do mundo. O aeroporto de Palam, em Deli, é agora oficialmente conhecido como Aeroporto Internacional Indira Gandhi. Em 2007, o aeroporto IGI tratava 23 milhões de passageiros por ano, prevendo-se que atinja os 100 milhões de passageiros em 2030.

Estrada

Delhi depende predominantemente do transporte rodoviário devido à sua infraestrutura rodoviária eficiente. Há 5 auto-estradas nacionais que passam pela NCT, contribuindo significativamente para o carácter de Deli como um importante centro comercial e de distribuição, como ponto de entrada da Índia. Delhi tem 21% da sua área coberta por estradas, a mais elevada da Índia.

Carris

Deli é o principal nó ferroviário da Índia, com ligação a todas as principais cidades do país. Tem 5 estações ferroviárias principais: Delhi Junction, Hazrat Nizamuddin, New Delhi, Delhi Sarai Rohilla e Anand Vihar. Existem 8 corredores ferroviários no NCT que transportam diariamente mais de 400 comboios de passageiros e 100 comboios de mercadorias.

4.4 Transporte urbano

Os actuais transportes urbanos de Deli têm todos os modos de transporte a funcionar na cidade. A cidade dispõe de transportes públicos eficientes, como o metro, o autocarro, o comboio circular e os auto-riquixás, para além dos veículos privados que o público de Deli possui.

A infraestrutura rodoviária de Deli é uma das melhores do país. A densidade de estradas em Deli é a mais elevada do país, com quase 2000 km de comprimento de estrada por 100 km^2. Tem 2 estradas circulares - interior e exterior com 48 km de comprimento e a estrada circular exterior tem 73 km. Apesar de uma infraestrutura rodoviária tão boa, Deli enfrenta muitos problemas de tráfego nas estradas devido ao elevado número de automóveis na cidade. Delhi tem mais de 5,5 milhões de veículos e quase 1000 veículos são acrescentados todos os dias nas suas estradas. A soma total de veículos em Mumbai, Calcutá e Chennai é inferior à de Deli. O crescimento do número de veículos em Delhi NCT é apresentado no Quadro 4.2.

Quadro 4.2: Dados do registo de veículos de Delhi NCT

Type of vehicles	Cars & Jeeps	Two-wheelers	Auto rickshaws	Taxis	Buses	Others	Goods vehicles	Total	Annual growth
1990-91	398479	1220640	63005	10157	18858	NA	101828	1812967	10.71
2000-01	957925	2199051	70145	9604	16981	18491	102982	3375179	86.16 (10 yrs)
2001-02	1047048	2339923	70146	12898	20503	21508	105862	3617888	7.19
2002-03	1139753	2502484	70146	14867	22817	25013	111033	3886113	7.41
2003-04	1243759	2659449	73438	16233	24073	27157	116719	4160828	7.07
2004-05	1359273	2839838	74188	18137	24797	28961	122006	4467200	7.36
2005-06	1471858	3078660	74188	20646	30511	26269	128193	4830325	8.12
2006-07	1599027	3325137	74188	26000	46000	26189	125000	5221541	8.09
2007-08	1738622	3577182	75000	31000	46000	28400	132600	5628804	7.79

Fonte: Departamento de Transportes de Deli, RTO Deli, Inquérito Socioeconómico de Deli 2008-09

Serviço de autocarro

Os serviços de autocarros da DTC são o maior serviço de autocarros ecológicos do mundo, gerido pela Delhi Transport Corporation. O serviço de autocarros em Deli serve 60% do público local de Deli. Para melhorar a qualidade do serviço de autocarros, foi introduzido na cidade o novo sistema BRTS.

Metro ferroviário (MRTS)

Em 2002, foi introduzido na cidade o sistema de metropolitano, atualmente conhecido como a linha de vida da cidade. O conforto e a comodidade proporcionados pela poupança de tempo atraíram muitos cidadãos de Deli e reduziram significativamente o tráfego nos seus corredores operacionais em 15-20%.

Anel ferroviário (caminhos-de-ferro indianos)

O serviço ferroviário circular de Deli, gerido pelos Caminhos-de-Ferro do Norte, é altamente subutilizado, uma vez que apenas serve 1% do público local de Deli. A frequência e o horário do serviço não correspondem às necessidades dos utentes, o que faz com que os caminhos-de-ferro percam muitas receitas.

Trânsito do Pará

Os automóveis têm sido uma parte importante do sistema de transportes de Deli. Há 55 000 a 75 000 automóveis a circular na cidade e são um meio de transporte público paralelo para as pessoas que podem pagar mais. Para além disso, os riquexós de bicicleta são muito utilizados para curtas distâncias.

Veículos particulares

Os veículos privados constituem o número mais elevado em Deli, com mais de 50 lakhs, incluindo automóveis e veículos de duas rodas. Estes veículos constituem 90% da população automóvel de Deli, mas apenas satisfazem 30% do público local.

Carril mono

Delhi já tem uma proposta de construção de 50 km de monocarril para atender a áreas especiais onde o metro não é comercialmente viável.

Fig. 4.2: Diferentes modos de transporte em Delhi NCT

4.5.1 Crise de estacionamento em Deli

As entidades reguladoras dos transportes em Deli consideram que um espaço de 23 m2 é suficiente para estacionar um automóvel e que um veículo de duas rodas necessita de 0,16 m2 . Este espaço, denominado espaço equivalente para automóveis (ECS), é utilizado como padrão para atribuir espaço a outro tipo de veículos, como autocarros, trotinetas, etc. De acordo com estas normas, a área de estacionamento necessária para 2,29 milhões de automóveis/jeep corresponde a quase 5-6% da área urbana da cidade e 4,2 milhões de veículos de duas rodas necessitam de 0,9% da área (12,14 km2). Para além disso, os carros/jeep ocupam também 7,5% da área geográfica da cidade (assumindo 3 ECS/veículo/dia).

O número total de veículos pessoais registados na cidade requer 48,71 km2 de terreno (2,12 milhões de ECS) para estacionamento. E a procura de ECS está a crescer continuamente - aumentou quase 4 vezes - de 0,59 milhões de ECS (13,66 km2 de terreno) em 1990-91 para 2,12 milhões de ECS em 2006-07. Com um número estimado de 988 matrículas por dia de automóveis, jipes e veículos de duas rodas, o parque de estacionamento terá um acréscimo de 3,75 km2 . **Onde está o terreno para estacionar tantos veículos em Deli?**

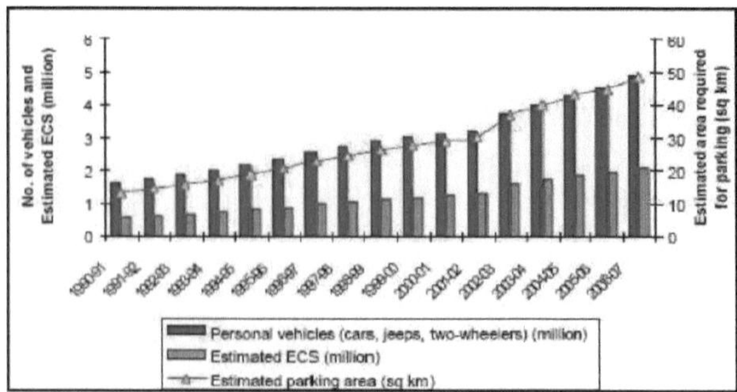

Fig. 4.3: Estimativa da necessidade de área de estacionamento em Delhi ***Fonte: Campanha Direito ao Ar Limpo, CSE, Nova Deli***

4.5 Delimitação da área de estudo

A área de estudo selecionada para o Plano de Gestão de Estacionamento é o Território da Capital Nacional - Deli. A procura de estacionamento na cidade está a multiplicar-se com o crescimento do número de veículos.

A zona sul da cidade está entre as áreas mais dominantes e é facilmente acessível a partir de qualquer parte da região NCT. Por isso, é tomada como área de ação da zona de estudo. O estudo incidirá apenas nas áreas comerciais da zona. Estas áreas comerciais serão selecionadas com base nos tipos de áreas comerciais, no tipo de trabalhadores pendulares e nas caraterísticas das suas viagens, no tráfego local e nas caraterísticas do estacionamento, etc.

Mapa 4.2: Área de estudo - Zona Sul de NCT Delhi

Após a seleção das áreas de estudo, o procedimento de inquérito para a recolha de dados será efectuado para analisar as condições existentes em todas as áreas e a identificação dos seus problemas, seguida de soluções com propostas e recomendações.

CAPÍTULO 5. PROCEDIMENTO DE INQUÉRITO E RECOLHA DE DADOS

Os dados necessários para uma gestão adequada do estacionamento em qualquer zona urbana requerem uma recolha alargada de dados junto dos utentes locais e das autoridades municipais. A fim de compreender o problema local e a opinião pública, foram realizados inquéritos em zonas comerciais selecionadas. O inquérito primário foi concebido para examinar as caraterísticas das deslocações pendulares e do estacionamento, os parâmetros que influenciam a procura de estacionamento e a escolha do modo de transporte dos utentes.

A área de estudo foi limitada apenas às zonas comerciais do Sul de Deli. Os inquéritos e a recolha de dados foram efectuados entre outubro e novembro de 2009 nas zonas de estudo identificadas, a fim de analisar a procura de estacionamento e encontrar soluções adequadas.

5.1 Identificação e seleção de zonas comerciais

A área de estudo é a zona sul de Delhi NCT e o estudo restringe-se a áreas comerciais selecionadas da área de estudo.

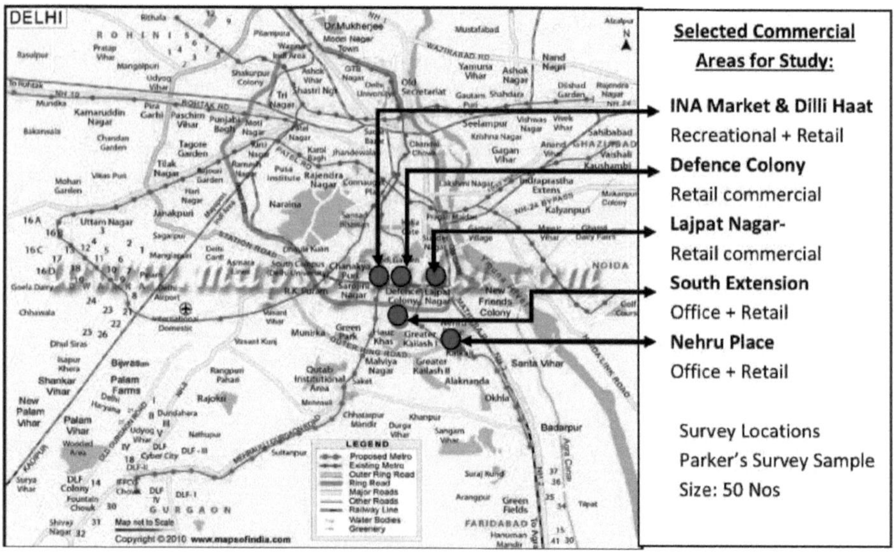

Mapa 5.1 Zonas comerciais selecionadas como áreas de estudo

Fonte: www.mapsofindia.com

- A abordagem começará por identificar as principais zonas comerciais que enfrentam problemas de estacionamento e engarrafamentos de trânsito devido ao estacionamento na rua.
- A seleção das zonas comerciais basear-se-á nas caraterísticas do tráfego, na procura e na oferta de estacionamento.
- O mapa mostra apenas as zonas comerciais pré-selecionadas que foram escolhidas como zonas de estudo para realizar inquéritos e propor soluções para os problemas de estacionamento.

5.2 Recolha de dados

Os dados foram recolhidos sob a forma de dados primários e secundários. Os dados primários foram recolhidos através de diferentes inquéritos e os dados secundários de outras fontes:

Dados primários

- Caraterísticas do tráfego
- Volume de tráfego
- Inquérito aos trabalhadores pendulares
- Estudo de acumulação de estacionamento
- Inquérito de opinião de peritos
- Inquéritos a casos específicos em Nova Deli
- Inquérito visual

Dados secundários

- Perfil da área de estacionamento permitida
- Dados sobre os veículos registados em Deli
- Taxas de propriedade de diferentes áreas comerciais da área de estudo
- Perfil socioeconómico dos agregados familiares em Deli
- Dados sobre o custo de construção e manutenção do parque de estacionamento fora da rua
- Mapas, relatórios e documentos

Os inquéritos primários foram realizados tanto nas horas de ponta como nas horas de menos ponta do dia para uma melhor análise do cenário de estacionamento em diferentes alturas nas áreas de estudo. Durante o período de recolha de dados, foi recolhida uma amostra de 50 inquéritos aos utilizadores em cada zona de estudo. Os postulados do inquérito primário foram selecionados para obter uma imagem global dos utentes da zona de estudo, incluindo os seus dados pessoais, as caraterísticas da viagem e as caraterísticas do estacionamento na sua opinião.

Foram realizados inquéritos sobre a acumulação de estacionamento em todas as zonas de estudo, durante a semana e ao fim de semana, para uma abordagem imparcial. Foram efectuados inquéritos tanto na rua como fora da rua (públicos e privados) e em diferentes usos do solo. Os vendedores e contratantes de estacionamento também foram inquiridos para compreender as suas técnicas e problemas de gestão. Foi também efectuado um levantamento do volume de tráfego em várias entradas das zonas de estudo.

Para além do inquérito local realizado junto dos utentes e dos vendedores, foram realizados alguns inquéritos de opinião junto da polícia de trânsito de Deli, do Comissário Adicional da Polícia da Célula de Projectos Remuneratórios da Corporação Municipal de Deli e do gestor de parques de estacionamento privados onde a gestão do estacionamento é bastante boa.

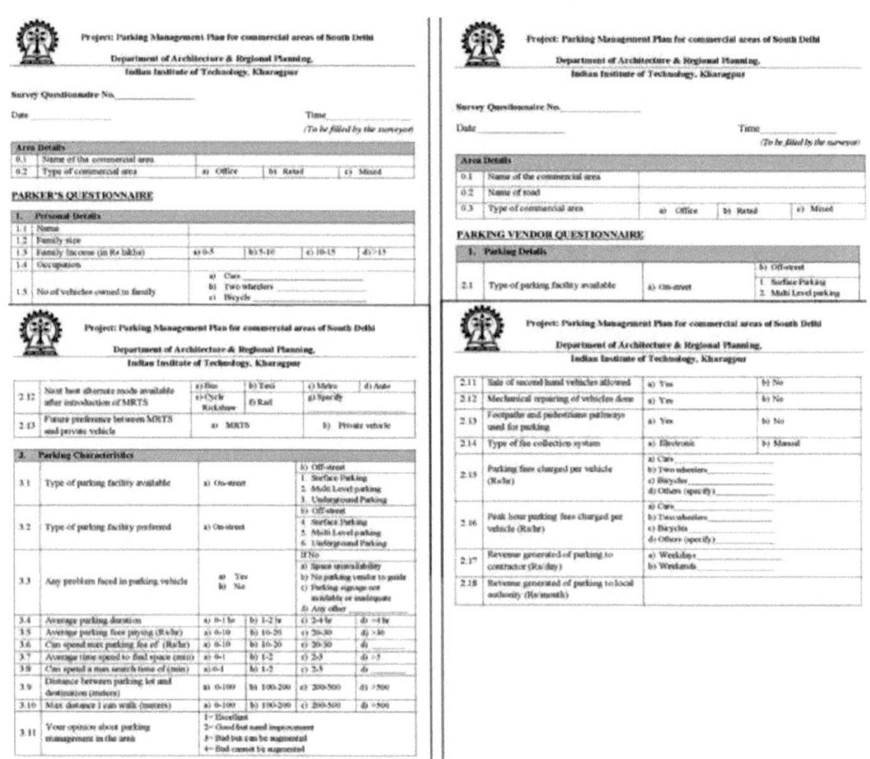

Project: Parking Management Plan for commercial areas of South Delhi

Department of Architecture & Regional Planning,
Indian Institute of Technology, Kharagpur

Survey Questionnaire No.__________

Date __________ Time __________

(To be filled by the surveyor)

Area Details				
0.1	Name of the commercial area			
0.2	Type of commercial area	a) Office	b) Retail	c) Mixed

PARKER'S QUESTIONNAIRE

1.	Personal Details				
1.1	Name				
1.2	Family size				
1.3	Family Income (in Rs lakhs)	a) 0-5	b) 5-10	c) 10-15	d) >15
1.4	Occupation				
1.5	No of vehicles owned in family	a) Cars ____ b) Two wheelers ____ c) Bicycle ____			

Project: Parking Management Plan for commercial areas of South Delhi

Department of Architecture & Regional Planning,
Indian Institute of Technology, Kharagpur

2.12	Next best alternate mode available after introduction of MRTS	a) Bus	b) Taxi	c) Metro	d) Auto
		e) Cycle Rickshaw	f) Rail	g) Specify	
2.13	Future preference between MRTS and private vehicle	a) MRTS		b) Private vehicle	

3.	Parking Characteristics				
3.1	Type of parking facility available	a) On-street		b) Off-street 1. Surface Parking 2. Multi Level parking 3. Underground Parking	
3.2	Type of parking facility preferred	a) On-street		b) Off-street 4. Surface Parking 5. Multi Level parking 6. Underground Parking	
3.3	Any problem faced in parking vehicle	a) Yes b) No		If No a) Space unavailability b) No parking vendor to guide c) Parking signage not available or inadequate d) Any other ____	
3.4	Average parking duration	a) 0-1 hr	b) 1-2 hr	c) 2-4 hr	d) >4 hr
3.5	Average parking fees paying (Rs/hr)	a) 0-10	b) 10-20	c) 20-30	d) >30
3.6	Can spend max parking fee of (Rs/hr)	a) 0-10	b) 10-20	c) 20-30	d) ____
3.7	Average time spend to find space (min)	a) 0-1	b) 1-2	c) 2-3	d) >3
3.8	Can spend a max search time of (min)	a) 0-1	b) 1-2	c) 2-3	d) ____
3.9	Distance between parking lot and destination (meters)	a) 0-100	b) 100-200	c) 200-500	d) >500
3.10	Max distance I can walk (meters)	a) 0-100	b) 100-200	c) 200-500	d) >500
3.11	Your opinion about parking management in the area	1- Excellent 2- Good but need improvement 3- Bad but can be augmented 4- Bad cannot be augmented			

Project: Parking Management Plan for commercial areas of South Delhi

Department of Architecture & Regional Planning,
Indian Institute of Technology, Kharagpur

Survey Questionnaire No.__________

Date __________ Time __________

(To be filled by the surveyor)

Area Details				
0.1	Name of the commercial area			
0.2	Name of road			
0.3	Type of commercial area	a) Office	b) Retail	c) Mixed

PARKING VENDOR QUESTIONNAIRE

1.	Parking Details		
2.1	Type of parking facility available	a) On-street	b) Off-street 1. Surface Parking 2. Multi Level parking

Project: Parking Management Plan for commercial areas of South Delhi

Department of Architecture & Regional Planning,
Indian Institute of Technology, Kharagpur

2.11	Sale of second hand vehicles allowed	a) Yes	b) No
2.12	Mechanical repairing of vehicles done	a) Yes	b) No
2.13	Footpaths and pedestrians pathways used for parking	a) Yes	b) No
2.14	Type of fee collection system	a) Electronic	b) Manual
2.15	Parking fees charged per vehicle (Rs/hr)	a) Cars ____ b) Two wheelers ____ c) Bicycles ____ d) Others (specify) ____	
2.16	Peak hour parking fees charged per vehicle (Rs/hr)	a) Cars ____ b) Two wheelers ____ c) Bicycles ____ d) Others (specify) ____	
2.17	Revenue generated of parking to contractor (Rs/day)	a) Weekdays ____ b) Weekends ____	
2.18	Revenue generated of parking to local authority (Rs/month)		

Fig. 5.1: Questionários para os vendedores do Parker's e do Parking

Para além dos dados primários acima referidos, foram recolhidos dados sobre os veículos registados em Delhi NCT de 2004 a 2008 para conhecer exatamente a situação atual do crescimento do número de veículos em Delhi. Os dados sobre o perfil socioeconómico das famílias dos NCT de Deli apresentam as caraterísticas demográficas, o nível de instrução, a profissão, o emprego, os rendimentos e as despesas nos NCT de Deli. A análise global dos dados recolhidos de várias fontes é efectuada no capítulo seguinte.

CAPÍTULO 6. ANÁLISE DE DADOS

Os dados recolhidos através de fontes primárias e secundárias foram analisados para obter determinados resultados e pressupostos. A análise dos dados dá uma imagem clara das previsões presentes e futuras e também ajuda a definir políticas e orientações para qualquer projeto. Do mesmo modo, a análise dos dados mostra o verdadeiro cenário das caraterísticas do estacionamento e do tráfego e a sua gestão nas zonas de estudo, tanto do ponto de vista dos utilizadores como dos fornecedores de serviços.

6.1 Breve panorâmica das áreas de estudo

Os inquéritos primários foram realizados para conhecer os dados pessoais, as caraterísticas das viagens e as caraterísticas do estacionamento, tanto nas horas de ponta como nas horas de menos ponta do dia, para uma melhor análise do cenário do estacionamento em diferentes alturas nas zonas de estudo. Foi recolhida uma amostra de 50 inquéritos de estacionamento em cada zona de estudo, em outubro-novembro de 2009, entre as 9:00 e as 21:00 horas.

6.1.1 Lajpat Nagar

Esta área comercial de retalho está principalmente alinhada entre duas estradas, **Vir Savarkar Marg** e **Feroze Gandhi Marg.** Esta zona está muito bem ligada a todos os transportes públicos actuais de Deli. A área já tem conetividade com o corredor BRT e será privilegiada com o MRTS em agosto de 2010. Para além destes sistemas de transporte coletivo, a zona é também facilmente acessível por veículos de três rodas e bicicletas-rickshwas.

Fig. 6.1: Área de estudo de Lajpat Nagar com zona delimitada

Disponibilidade de estacionamento na rua na zona - 812 lugares.
Volume de estacionamento na via pública observado na zona delimitada - 1500 automóveis e 600 veículos de duas **rodas**.

Taxa de estacionamento predominante na zona - Rs 10/entrada para automóveis e Rs 7/entrada para veículos de duas rodas.

<u>Cálculo da receita sensata da vontade de pagar de Parker</u>:

INR 10/ hora: Rs 1000x (receita máxima)

INR 20/ hora: Rs 560x

INR 30/ hora: Rs 300x

INR 40/ hora: Rs 120x

Onde, x = n (espaços de procura)/ 100

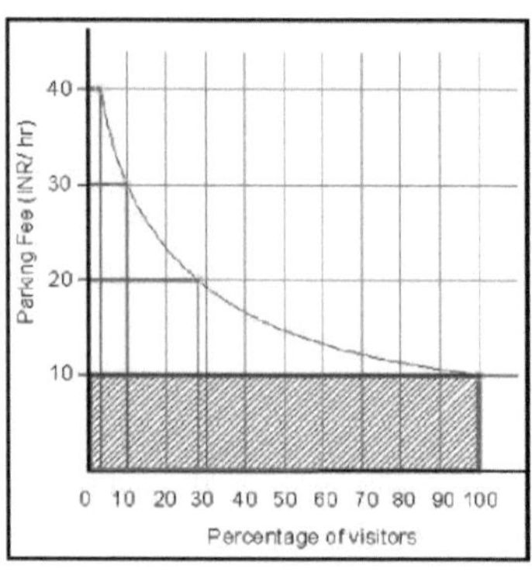

Fig 6.2: Gráfico de receitas de Lajpat Nagar

Inferências:

- A razão para a utilização excessiva do estacionamento é a utilização do caminho de acesso para estacionar, tornando a estrada engarrafada e criando atrasos no trânsito.
- A geração de receitas é mais acentuada do que a gestão eficaz do estacionamento pelo contratante.
- Os veículos particulares que se dirigem à Ring Road e à Lala Lajpat Rai Marg devem evitar as estradas Vir Savarkar e Feroze Gandhi.

6.1.2 Extensão Sul

Trata-se de uma zona comercial de retalho e escritórios situada ao longo da Mahatma Gandhi Road, também conhecida como Ring Road de Deli. A zona comercial está dividida em duas partes: South Extension Part I e Part II, separadas pela Ring Road. Esta é talvez uma das zonas comerciais mais chiques e caras do Sul de Deli, onde a maioria da classe de rendimentos elevados vem aqui para fazer compras e recreação. Esta área também tem uma excelente conetividade devido à adjacência com a Ring Road e é privilegiada com conetividade por todos os modos de transporte público de Deli, exceto o Metro. Um novo corredor MRTS do Secretariado de Deli para Nehru Place está prestes a chegar a apenas um quilómetro de distância desta área. A zona também enfrenta engarrafamentos na estrada circular nas horas de ponta do dia.

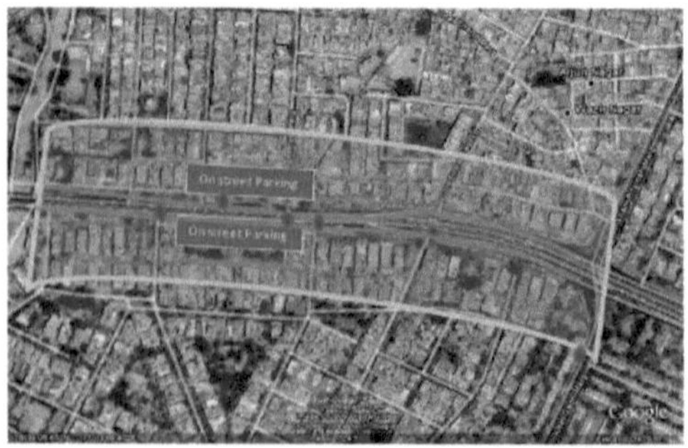

Fig. 6.3: Área de estudo da extensão sul com zona delimitada

Disponibilidade de estacionamento fora da rua na zona delimitada - Apenas alguns estabelecimentos dispõem de estacionamento fora da rua nas instalações, caso contrário não há estacionamento público fora da rua disponível na zona delimitada.

Disponibilidade de estacionamento na rua na zona - 355 lugares

Volume de estacionamento na via pública na zona delimitada - 600 automóveis e 300 veículos de duas rodas.

Taxa de estacionamento predominante na zona - Rs 10 /entrada para automóveis e Rs 7/entrada para veículos de duas rodas.

A disponibilidade de Parker para pagar receitas sensatas:

INR 10/ hora: Rs 1000x (receita máxima)

INR 20/ hora: Rs 600x

INR 30/ hora: Rs 480x

INR 40/ hora: Rs 160x

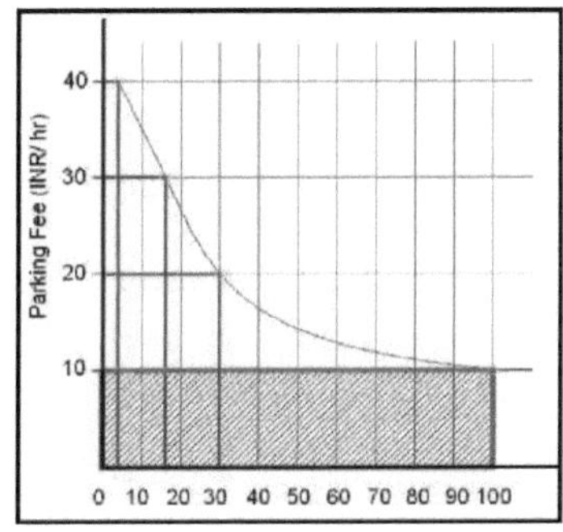

Fig. 6.4: Gráfico de receitas da extensão sul

Inferências:

- A razão para a sobreutilização do estacionamento é a utilização das faixas de serviço para estacionamento.
- A geração de receitas é mais acentuada do que a gestão eficaz do estacionamento pelo contratante.
- As zonas comerciais de escritórios e de retalho combinadas atraem mais visitantes.
- 10-15% do estacionamento é efectuado nas próprias instalações do edifício, o que é bom.

6.1.3 INA e Dilli Haat

O mercado INA (Exército Nacional Indiano) é uma área comercial de retalho, enquanto Dilli Haat é mais uma área recreativa com instalações de retalho. Dilli Haat está sob a alçada da Direção de Turismo de Deli. Ambas se situam em frente uma da outra, mas são adjacentes à Aurobindo Marg, que liga o Secretariado Central ao Qutub Minar através do AIIMS. A área também está a receber a rede de metro em 2010 e já está bem ligada aos transportes públicos da cidade.

Fig. 6.5: Área de estudo de INA e Dilli Haat com zona delimitada

Estacionamento disponível fora da rua (mercado INA) - 110 lugares

Volume de estacionamento fora da rua observado (mercado INA) - 175 automóveis e 80 veículos de duas rodas

Estacionamento disponível na rua (Dilli Haat) - 196 lugares

Volume de estacionamento fora da rua observado (Dilli Haat) - 280 lugares

Volume de estacionamento na via pública em Dilli Haat - 100 automóveis e 60 veículos de duas rodas

Taxa de estacionamento predominante na zona - Rs 10 / 2 horas para automóveis e Rs 5/ 2 horas para veículos de duas rodas.

A disponibilidade de Parker para pagar receitas sensatas:

INR 10/ hora: Rs 1000x
INR 15/ hora: Rs 1200x (rendimento máximo)
INR 30/ hora: Rs 540x
INR 40/ hora: Rs 240x

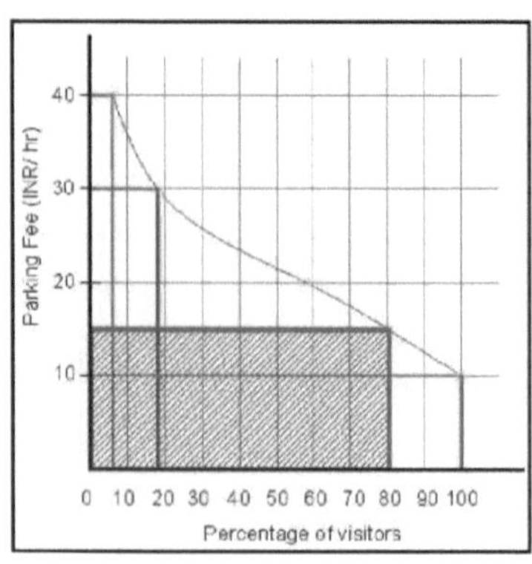

Fig. 6.6: Gráfico das receitas do INA e do Dilli Haat

Inferências:

- A razão para a sobreutilização do estacionamento é a falta de lugares de estacionamento, os veículos comerciais também utilizam o estacionamento no mercado INA.
- A hora de ponta das 10h00 às 22h00 avaliada pela organização profissional deve ser alterada para a hora de ponta real com uma taxa de estacionamento efectiva.
- Dilli Haat tem falta de lugares de estacionamento, mas apenas na hora de ponta, devendo ser facilitado o estacionamento de veículos de duas rodas, que atrai a geração jovem.

6.1.4 ehru Place

Esta área comercial de retalho e escritórios é o maior mercado informático e de TI da Ásia, além de ser um grande centro comercial e financeiro. Esta área tem sido o lar de várias operações comerciais, com várias empresas a instalarem-se aqui. A área fica adjacente à estrada circular exterior de Deli e está bem ligada aos transportes públicos e em breve terá ligação ao metro.

Fig. 6.7: Área de estudo de Nehru Place com zona delimitada

Volume de estacionamento na via pública observado na zona delimitada - 250-300 carros

Espaço de estacionamento fora da rua disponível: Superfície e subterrâneo: 2500 nos
Estacionamento privado multi-nível: 900 nos

Volume de estacionamento fora da rua às 14 horas nos dias úteis: 4500 automóveis e 5500 veículos de 2 rodas.

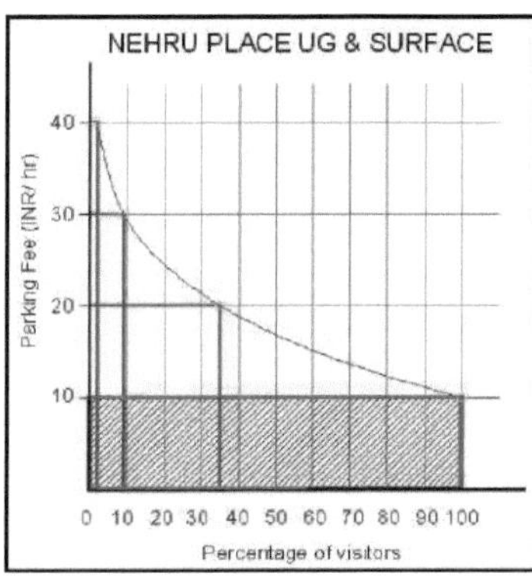

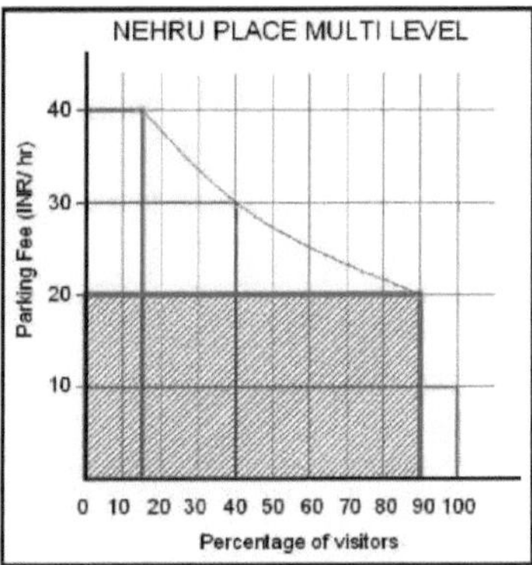

Fig. 6.8: Gráfico de receitas do parque de estacionamento de Nehru Place

A disponibilidade de Parker para pagar receitas sensatas:

	Subterrâneo e à superfície	Multi-nível
INR 10/ hr:	Rs 1000x (Max)	Rs 1000x
INR 20/ hora:	Rs 700x	Rs 1800x (Máx.)
INR 30/ hr:	Rs 270x	Rs1200x
INR 40/ hora:	Rs 80x	Rs 600x

Taxa de estacionamento (Surface & UG) -Rs 10/entrada e Rs 500/mês para automóveis Rs 5/entrada e Rs 250/mês para veículos de duas rodas.

Taxa de estacionamento em vários níveis - Carros: Rs 20/ hr, Rs 30/ 2hrs, Rs 50/ 3.5hrs, Rs 60/ 5hrs, Rs 80/6.5hrs, Rs 100/ 8-10hrs, Rs 300/ >10hrs, Rs 5600/ mês

Inferências:

- O estacionamento de vários níveis é altamente subutilizado em comparação com o estacionamento de superfície e UG altamente utilizado devido à enorme margem na taxa de estacionamento de ambas as instalações.
- O espaço de circulação para veículos é reduzido para facilitar o estacionamento.
- O controlo do estacionamento deve ser implementado o mais rapidamente possível, uma vez que a zona é acessível por transportes rodoviários e em breve será introduzido o MRTS.
- A taxa fixa de estacionamento, independentemente do tempo, atrai mais veículos.

6.1.5 Colónia de Defesa

Este é um dos locais mais chiques do sul de Deli, com vários restaurantes e bares que tornam o local muito animado, especialmente à noite. A zona enfrenta problemas devido ao estacionamento gratuito fornecido pela MCD aos lojistas e aos seus empregados, que ocupam os lugares de estacionamento e não deixam espaço para os visitantes e até os caminhos pedonais são utilizados para estacionar veículos de duas rodas. Os problemas de estacionamento verificam-se sobretudo à noite, uma vez que a maior parte dos visitantes chega depois das 18-7 horas para actividades recreativas e festas.

Fig. 6.9: Área de estudo da Colónia de Defesa com zona delimitada

Disponibilidade de estacionamento na rua na zona delimitada - 156 lugares
Volume de estacionamento na via pública na zona delimitada - 230 automóveis e 140 veículos de duas rodas
Estacionamento fora da rua disponível - Não há estacionamento fora da rua disponível
Taxa de estacionamento predominante na zona - Rs 10 /entrada para automóveis e Rs 7/entrada para veículos de duas rodas.

A disponibilidade de Parker para pagar receitas sensatas:

INR 10/ hora: Rs 1000x

INR 20/ hora: Rs 1660x (rendimento máximo)

INR 30/ hora: Rs 750x

INR 40/ hora: Rs 280x

Inferências:

- Esta área atrai um público bastante rico, com muitos restaurantes e bares, mas a taxa de estacionamento é muito modesta em relação à sua acessibilidade.
- O estacionamento de veículos de duas rodas é feito em caminhos destinados aos peões.
- Deve ser evitada a concessão de estacionamento gratuito aos comerciantes locais.
- O estacionamento na rua no interior do circuito deve ser proibido para evitar a circulação de peões e veículos.

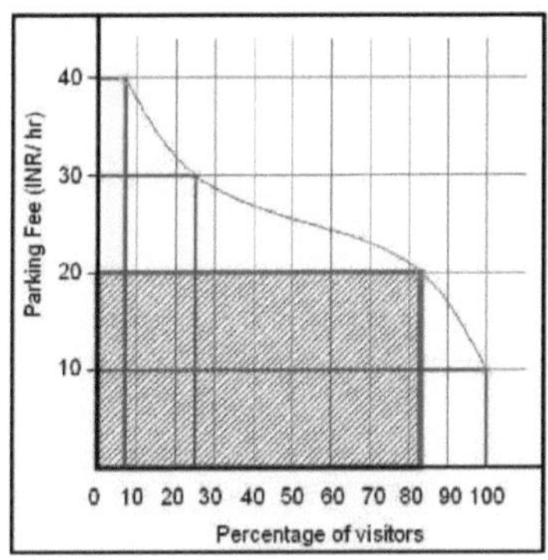

Fig. 6.10: Gráfico de receitas da Colónia de Defesa

Observou-se que os preços do estacionamento em todas as áreas estudadas mudam de acordo com a vontade de pagar dos visitantes. É extremamente importante ter uma estrutura de taxas de estacionamento diferente para diferentes zonas, de modo a gerar o máximo de receitas e controlar a procura de estacionamento.

6.2 Volume de estacionamento nas zonas de estudo

O perfil de acumulação de estacionamento de cada área de estudo foi apresentado para diferentes períodos de tempo num dia, de acordo com os inquéritos primários. Estes dados de acumulação de estacionamento são importantes para conhecer a procura de estacionamento ao longo do tempo e extrapolar a procura futura de estacionamento e, consequentemente, planear as futuras instalações de estacionamento.

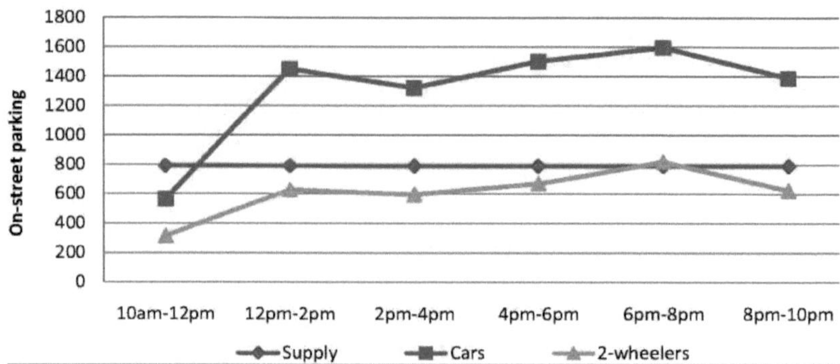

Fig. 6.11: Acumulação de estacionamento em Lajpat Nagar

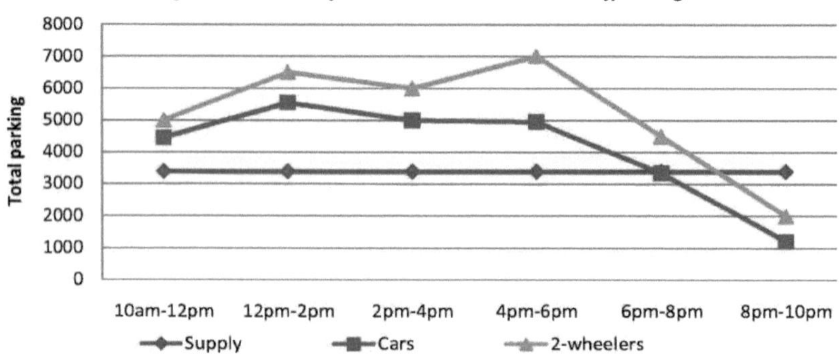

Fig. 6.12: Acumulação de estacionamento em Nehru Place

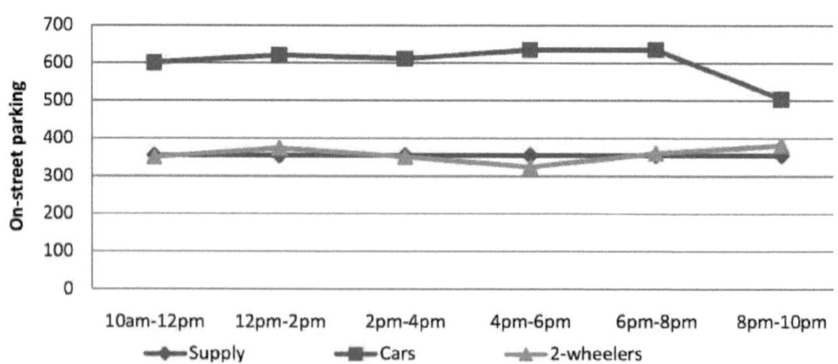

Fig. 6.13: Acumulação de estacionamento na extensão sul (incluindo as partes I e II)

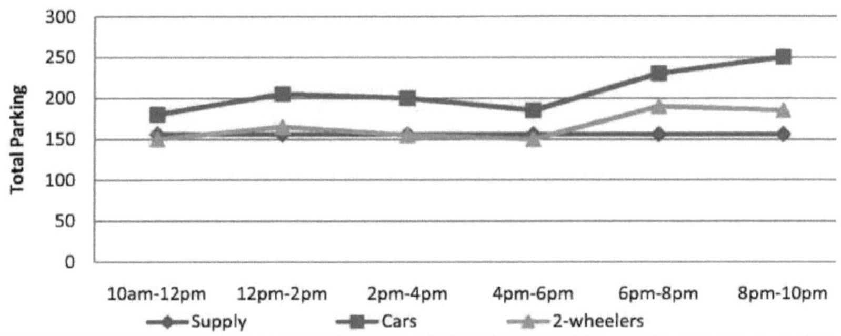

Fig. 6.14: Acumulação de estacionamento na Colónia de Defesa

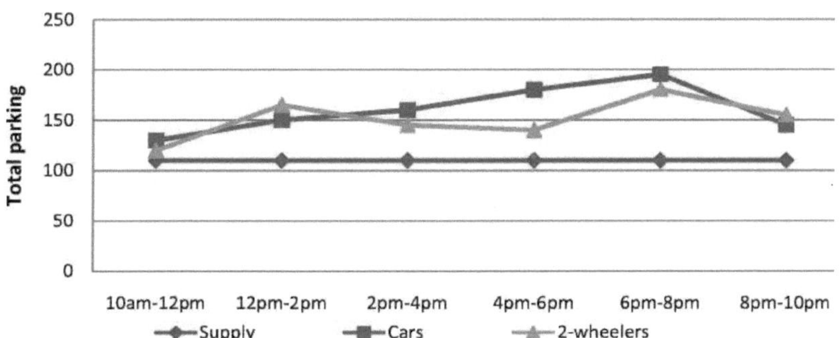

Fig. 6.15: Acumulação de estacionamento no mercado INA e em Dilli Haat

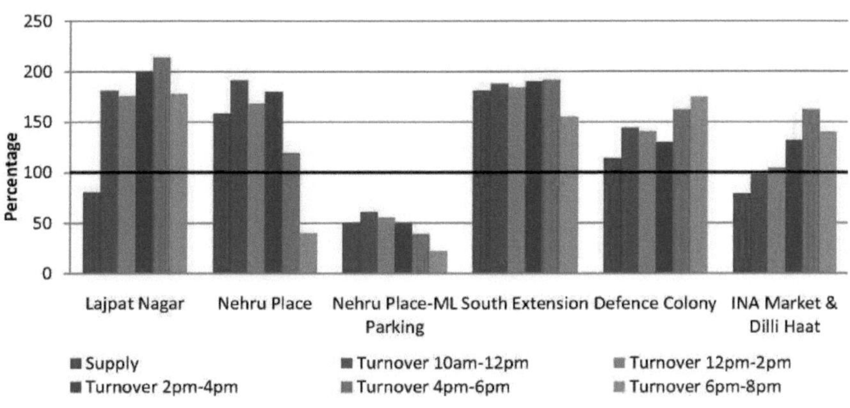

Fig. 6.16: Comparação da utilização de estacionamento (%) de todas as áreas de estudo

A conclusão a que se chega a partir dos perfis de acumulação de estacionamento das áreas de estudo é que, para cada área, é necessário planear o futuro plano de gestão de estacionamento, quer fornecendo mais lugares de estacionamento, quer controlando a procura de estacionamento. A decisão de fornecer mais vagas de estacionamento ou controlar a demanda de estacionamento dependerá de vários fatores discutidos no próximo capítulo.

6.3 Análise do inquérito de opinião da Parker

Perguntou-se aos utentes que se deslocam para as zonas a sua perceção sobre as instalações de estacionamento existentes na zona. Este inquérito de opinião ajudará a planear as futuras instalações de estacionamento na zona, tendo em conta a compatibilidade dos utentes que se deslocam para a zona. Os gráficos abaixo mostram as caraterísticas das viagens dos utentes e a sua perceção da disponibilidade de estacionamento.

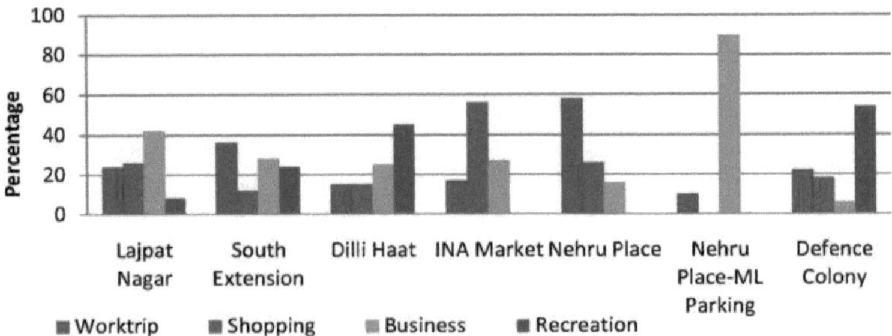

Fig. 6.17: Objetivo da viagem dos visitantes

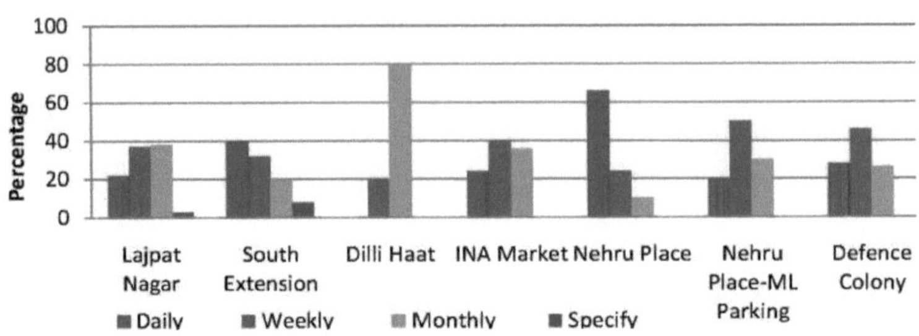

Fig. 6.18: Frequência de visitas dos visitantes

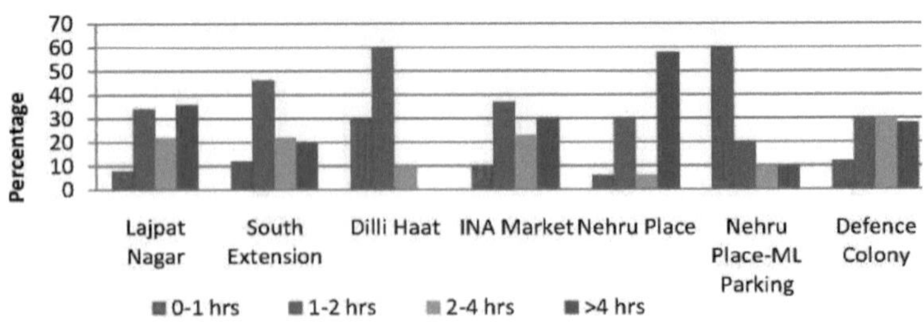

Fig. 6.19: Duração média de estacionamento dos veículos

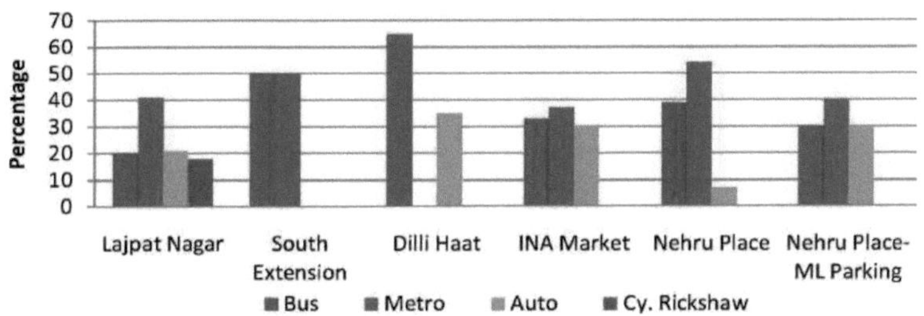

Fig. 6.20: Melhor modo alternativo disponível após a introdução do MRTS no próximo ano (apenas para os novos corredores)

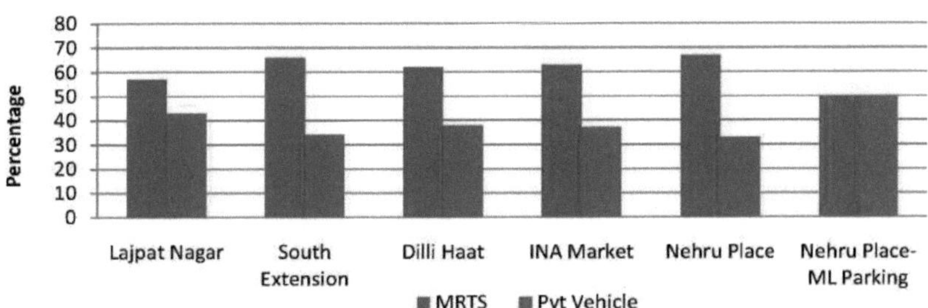

Fig. 6.21: Preferência entre MRTS e veículo privado a partir do próximo ano

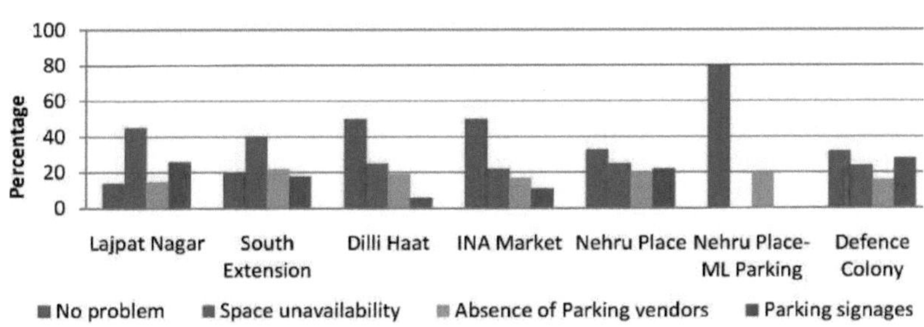

Fig. 6.22: Problemas enfrentados pelos utilizadores para estacionar o veículo

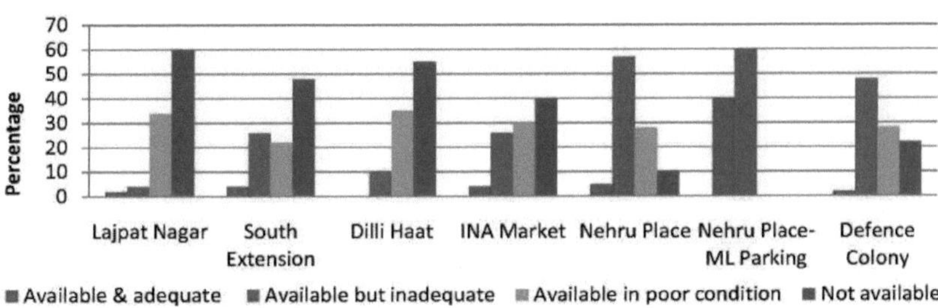

Fig. 6.23: Disponibilidade de sinalização de estacionamento

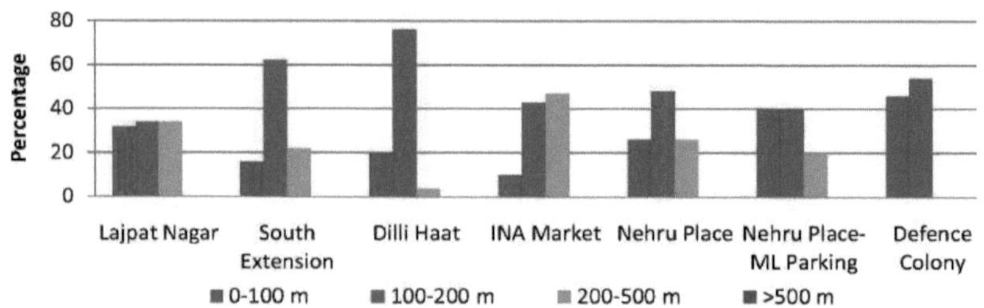

Fig. 6.24: Distância a pé entre o parque de estacionamento e o destino

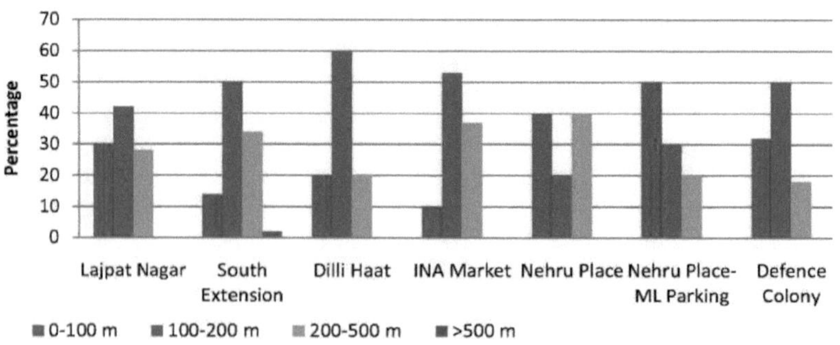

Fig. 6.25: Disponibilidade dos utentes para percorrer a distância a pé

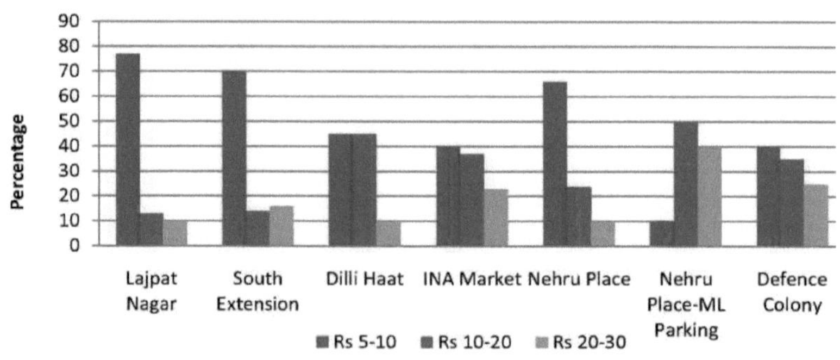

Fig. 6.26: Disponibilidade dos utentes para pagar a taxa máxima de estacionamento (Rs/hr)

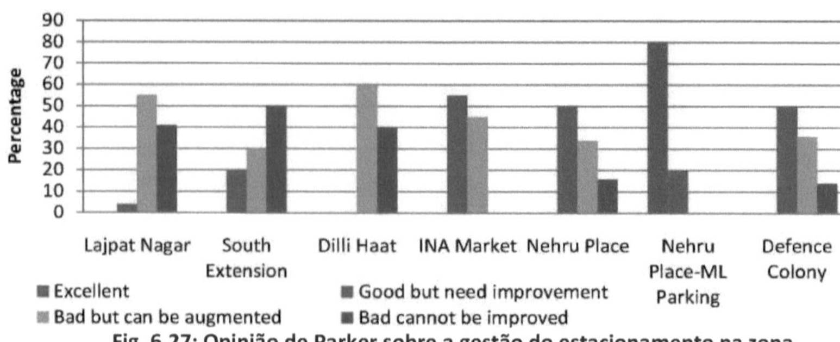

Fig. 6.27: Opinião de Parker sobre a gestão do estacionamento na zona

Toda a análise de dados acima referida ajudará a planear a futura gestão do estacionamento em todas as áreas de estudo. Os dados serão utilizados para encontrar o melhor equilíbrio entre a oferta e a procura. A opinião dos utentes sobre o estado atual do estacionamento ajudará a aumentar as instalações de estacionamento e a proporcionar melhores instalações ao público.

6.4 Derivação da função da procura agregada das zonas de estudo

Os dados do inquérito primário de 50 inquiridos em cada uma das áreas de estudo são utilizados para derivar as curvas de procura e as funções de procura.

As preferências dos utentes em relação às taxas de estacionamento, ao tempo de procura e à distância a pé foram analisadas através de gráficos e da função log-linear.

6.4.1 Função da procura para a taxa de estacionamento

As seguintes funções de procura têm a forma **P= f (F)**, em que "P" representa a percentagem de utentes dispostos a estacionar a uma determinada taxa de estacionamento "F" num determinado local.

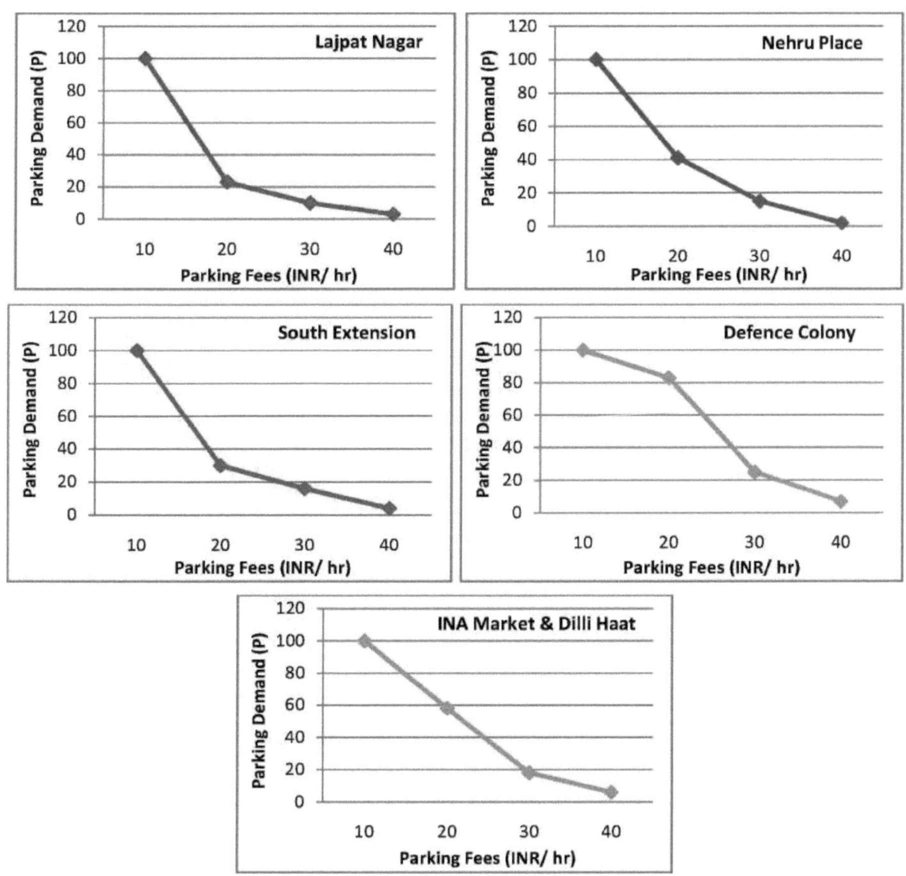

Fig. 6.28: Curvas de procura de todas as zonas de estudo em relação à taxa de estacionamento

Tabela 6.1: Volume de estacionamento de pico com a taxa de estacionamento atual observada nas áreas de estudo

Study Areas	Peak Parking turnover observed at current parking fee
Lajpat Nagar	1697
South Extension	680
INA & Dilli Haat	472
Nehru Place	4498
Defence Colony	273

Fonte: Inquérito primário outubro-novembro de 2009

Funções de demanda agregada da forma F = f (n) também foram derivadas, onde 'n' denota o número total de motoristas que estariam dispostos a estacionar em um determinado local, correspondendo a uma determinada taxa de estacionamento 'F'.

As seguintes funções de procura agregada foram derivadas com base nos inquéritos primários (inquéritos sobre a vontade de pagar) e nas contagens de acumulação de estacionamento.

Estas funções de procura são usadas para a conceção de instalações como parte do plano de gestão de estacionamento no próximo capítulo.

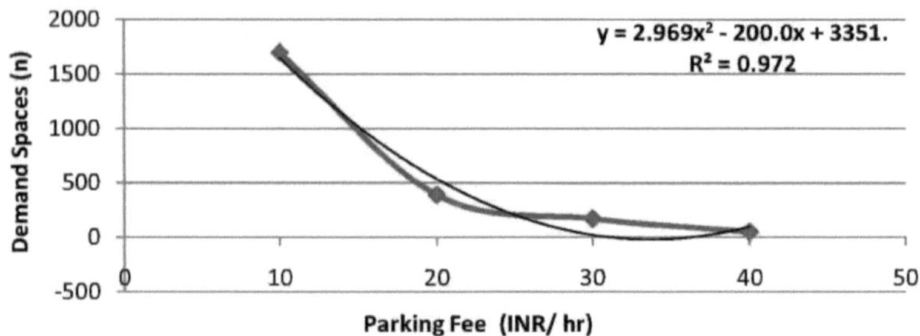

Fig. 6.29: Função da procura para a zona de Lajpat Nagar

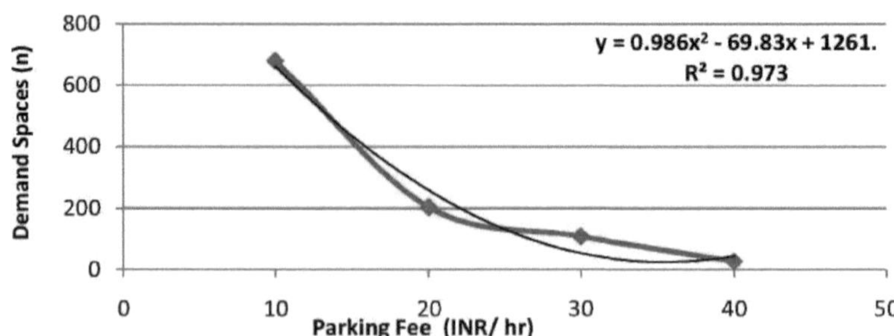

Fig. 6.30: Função da procura para a zona de extensão sul

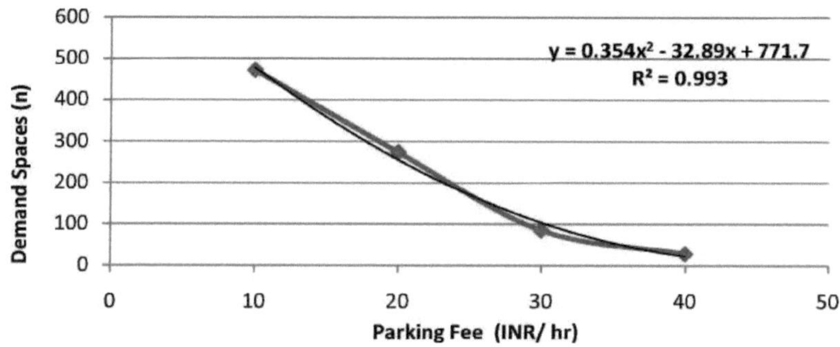

Fig. 6.31: Função da procura para o mercado INA e a área de Dilli Haat

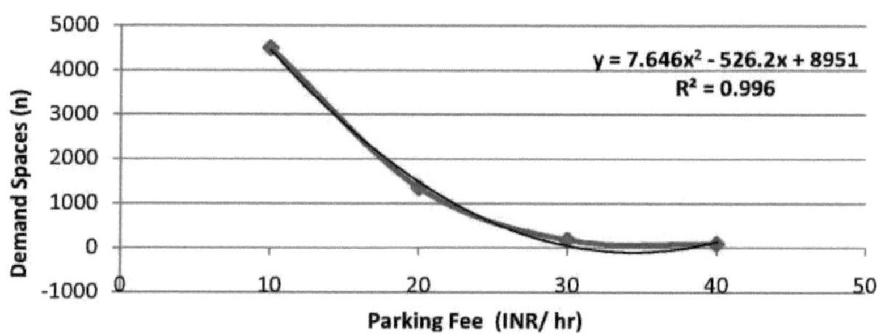

Fig. 6.32: Função da procura para a área de Nehru Place

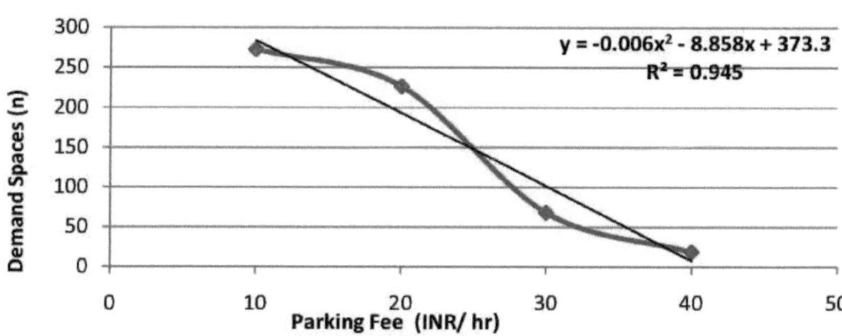

Fig. 6.33: Função da procura para o mercado INA e a área da colónia de defesa

6.4.2 Função da procura para a distância a pé

Estas funções de procura têm a forma P = f (D), em que 'P' representa a percentagem de utilizadores que estariam dispostos a estacionar num determinado local, correspondente a uma determinada distância a pé 'D'.

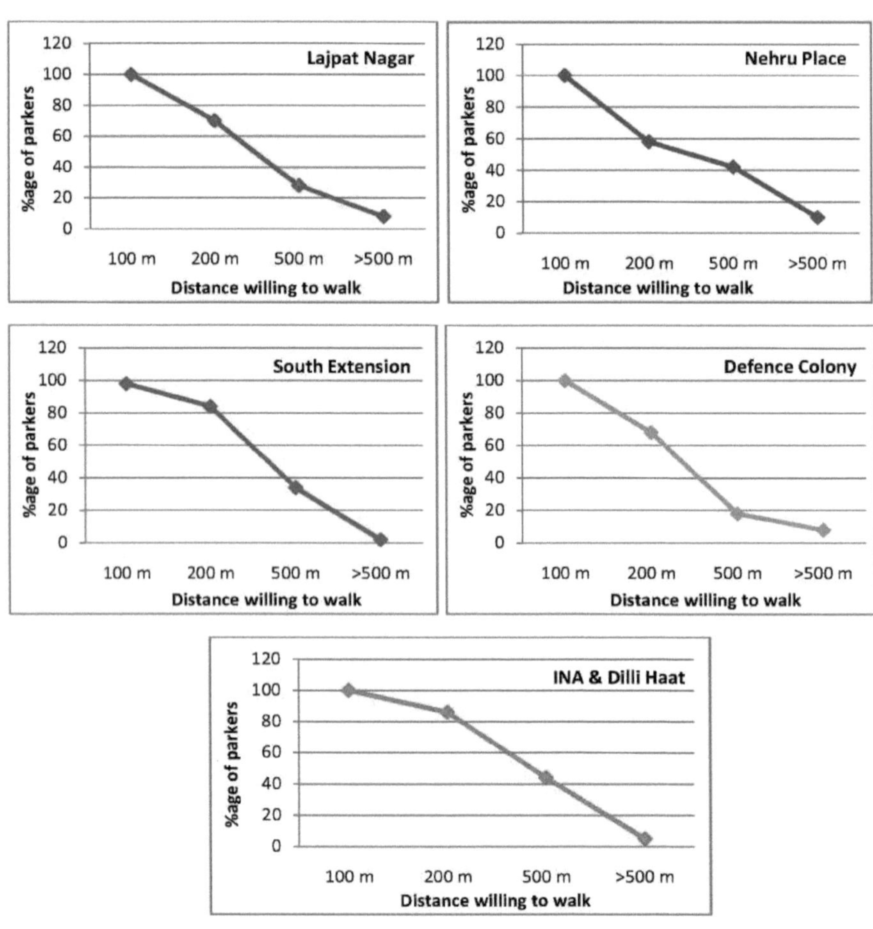

Fig. 6.34: Curvas de procura de todas as zonas de estudo em função da distância a pé

6.4.3 Função da procura para o tempo de procura para estacionar

Estas funções de procura têm a forma P = f (T), em que "P" representa a percentagem de utentes que estariam dispostos a estacionar num determinado local, correspondente a um determinado tempo de pesquisa "T".

Estas funções de procura serão utilizadas para a conceção de instalações como parte do plano de gestão do estacionamento no próximo curso de ação.

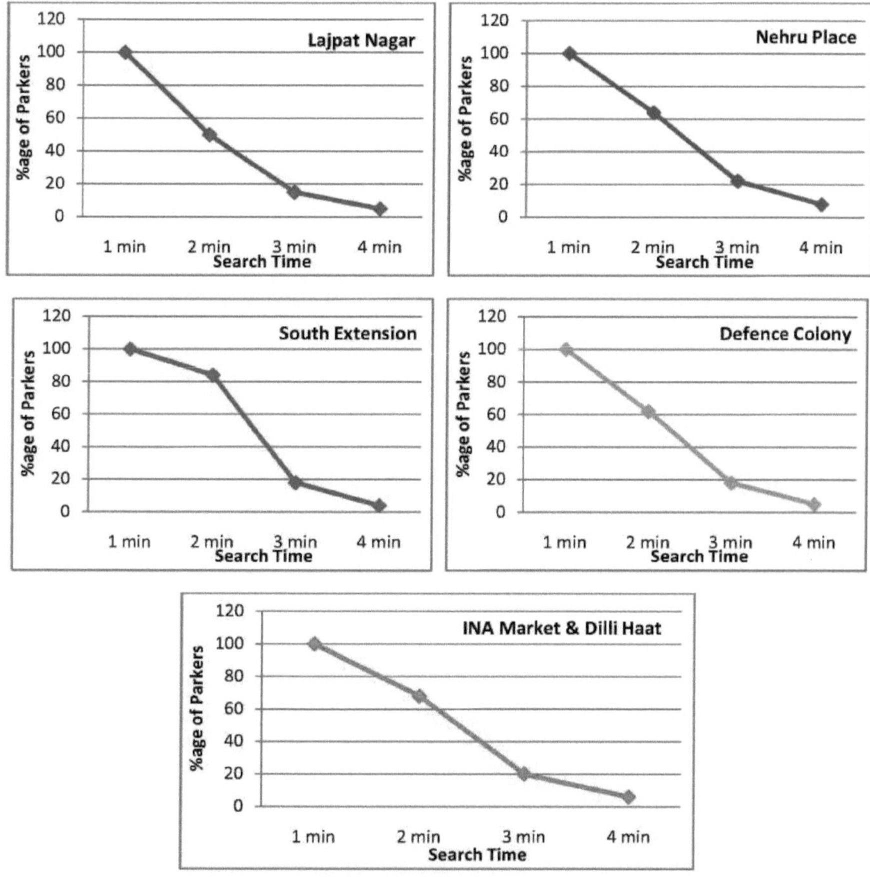

Fig. 6.35: Curvas de procura de todas as áreas de estudo em relação ao tempo de procura para estacionar

6.4.4 Função da procura log-linear

A procura de estacionamento num determinado local também pode ser expressa sob a forma

$$\ln(n) = A + B\ln(x)$$

Onde,

n = procura de estacionamento expressa em número de lugares

x = parâmetro que influencia a procura de estacionamento.

"A" é uma constante que será diferente para diferentes aspectos e áreas e "B" é designado como a elasticidade de "x" e mede a variação percentual em "n" por unidade de variação percentual em "X".

Os parâmetros considerados para a análise, ou seja, "x" nos diferentes casos, são os seguintes

- Taxa de estacionamento (P)
- Tempo de pesquisa (S)

- Distância a pé (D)

A equação log-linear para a zona de **Lajpat Nagar** para a **taxa de estacionamento (P), o tempo de procura (S) e a distância a pé (D)** é a seguinte

$$\ln(P) = 13.01 - 2.422\,x\,;\, R = 0.976$$

$$\ln(S) = 4.747 - 1.404\,x\,;\, R = 0.974$$

$$\ln(D) = 10.23 - 1.173\,x\,;\, R = 0.893$$

- A elasticidade-preço da procura de estacionamento é de -2,422, o que significa que a procura de estacionamento em Lajpat Nagar diminuiria em cerca de 2,4 % por um aumento de 1 % da taxa de estacionamento.
- A elasticidade do tempo de pesquisa da procura de estacionamento é de -1,404, o que implica que a procura de estacionamento em Lajpat Nagar diminuiria cerca de 1,4% por um aumento de 1% no tempo de pesquisa.
- A elasticidade da procura de estacionamento em função da distância é de -1,173, o que implica que a procura de estacionamento em Lajpat Nagar diminuiria cerca de 1,17% para um aumento de 1% na distância a pé.

Da mesma forma, o outro parâmetro de elasticidade também ajuda a determinar a variação potencial da procura correspondente a alterações nos valores dos parâmetros.

Os conjuntos de tais Funções de Procura para cada Área de Estudo foram resumidos na tabela.

Tabela 6.2: Resumo das funções log-lineares da procura de estacionamento em todas as zonas de estudo

Dependent Variable = ln (n)
P - Parking Fee
S = Search Time
D - Walking distance (Parking space to destination)

Functional Form	Independent variable	Coefficient of Independent variable at Study Areas				
		Lajpat Nagar	South Extension	INA & Dilli Haat	Nehru Place	Defence Colony
ln(n) = ƒ[ln(P)]	B of ln (P)	**-2.422**	**-2.158**	**-1.965**	**-2.352**	**-1.822**
	Constant (A)	13.01	11.81	10.98	15.38	10.25
	(R Square)	0.976	0.937	0.887	0.959	0.791
ln(n) = ƒ[ln(S)]	B of ln (S)	**-1.404**	**-1.533**	**-1.326**	**-1.188**	**-1.401**
	Constant	4.747	5.008	4.855	4.832	4.843
	(R Square)	0.974	0.896	0.936	0.954	0.941
ln(n) = ƒ[ln(D)]	B of ln (D)	**-1.173**	**-1.676**	**-1.287**	**-0.919**	**-1.264**
	Constant	10.23	12.84	10.93	8.946	10.63
	(R Square)	0.893	0.71	0.713	0.852	0.958

Estas funções log-lineares ajudarão a determinar a procura de estacionamento nas zonas de estudo.

CAPÍTULO 7. PLANEAMENTO DE PARQUES DE ESTACIONAMENTO

A procura de estacionamento nas principais zonas comerciais ou nos grandes centros da maioria das cidades tem sido convencionalmente satisfeita pelo estacionamento na rua e por muito poucas instalações de estacionamento fora da rua. No entanto, o crescimento do número de veículos nas cidades aumenta diretamente a procura de estacionamento ao longo do tempo, pelo que a interferência das operações de estacionamento na via pública com o movimento de veículos prevalece, resultando em atrasos no congestionamento. Por conseguinte, é necessário planear o estacionamento fora das ruas. O estacionamento fora da via pública pode ser assegurado de duas formas:

- Parque de estacionamento dentro das instalações de um edifício.
- Parque de estacionamento público dedicado (estrutura de estacionamento ou parkade).

O estudo analisará qual a abordagem a adotar para resolver os problemas de estacionamento em cada uma das zonas de estudo, ou seja, fornecer mais estacionamento ou optar pelo controlo do estacionamento, com ênfase nas caraterísticas económicas das diferentes instalações de estacionamento e na seleção da que será mais adequada para as zonas de estudo. A decisão sobre a abordagem de planeamento é tomada tendo em conta as diferentes caraterísticas das zonas de estudo.

Quadro 7.1: Panorâmica do estado do estacionamento nas zonas de estudo e abordagem de planeamento

Study Areas	Parking Utilization	Activity	Accessibility	Decision	Remarks
Lajpat Nagar	81%-214%	Retail + Residential	High	More Parking supply + Parking control	Shoppers should not go away, Commuters can pay high parking fee, more commercialization possible
South Extension	155%-192%	Office + Retail+ Recreation	Very High	More Parking supply + Parking control	HIG shopping area can pay high parking fee, Office parking can be controlled
INA & Dilli Haat	79%-162%	Retail+ Recreational	Very High	More Parking Supply	Recreational activity should not shift away, Frequency & duration of visit is less
Nehru Place	50%-157%	Office+Retail	Very High	Parking control	Mainly MIG commuters office public can be shifted to MRTS, Parking supply already very high
Defence Colony	114%-175%	Recreational + Residential	High	More Parking Supply	Recreational area active in evening only, HIG public at large can pay high parking fee, Shopkeepers free parking should be cut

7.1 Metodologia para o planeamento do parque de estacionamento

Fig. 7.1: Fluxograma da metodologia de planeamento do parque de estacionamento

7.2 Conceção de um parque de estacionamento fora da rua

A conceção de um parque de estacionamento fora da rua em qualquer local específico com determinadas caraterísticas de procura de estacionamento baseia-se em vários factores. O parque de estacionamento é normalmente considerado um projeto bem sucedido se a utilização em qualquer momento for de 85%-90% e se forem necessários mais 10-15% para facilitar a procura de espaço e para alguns eventos ou ocasiões festivas. Os vários factores que orientam qualquer projeto de estacionamento:

- Tamanho do lote e taxas de terreno
- Localização da instalação
- Tipo de instalação
- Custos de construção, exploração e manutenção
- Altura do parque de estacionamento
- Padrão de circulação de veículos
- Preços de estacionamento
- Tempo de serviço

7.2.1 Economia de um parque de estacionamento fora da rua

O custo de qualquer instalação de estacionamento fora da rua pode ser calculado identificando os diferentes custos (diretos e indirectos) a incorrer no projeto. No entanto, no contexto atual, estas instalações dedicadas só podem ser possíveis através de uma parceria público-privada (PPP). Na PPP, a autoridade local e a organização privada aventuram-se no projeto com uma distribuição de lucros que beneficia ambas as partes.

Tipo de custos a suportar no planeamento das instalações

Há vários tipos de custos a suportar em qualquer novo parque de estacionamento. Estes custos são o custo do terreno, o custo de construção, o custo de funcionamento e manutenção e os custos indirectos.

Custo do terreno

O custo do terreno nas imediações da zona é o primeiro custo a incorrer. Estes custos são muito elevados nas zonas comerciais em comparação com outras utilizações do solo. Os parques de estacionamento são terrenos intensivos, com uma procura de estacionamento em rápido crescimento, e a indisponibilidade de grandes terrenos nestas zonas aumenta ainda mais os problemas.

Tabela 7.2: Taxas de terrenos e propriedades em todas as áreas de estudo (Rs/ m²)

Study Areas	Purchase	Property Rent
Lajpat Nagar	100000-250000	1500-3000
Nehru Place	100000-250000	1500-3000
South Extension	200000-350000	4000-5000
Defence Colony	200000-300000	3000-4000
INA Market & Dilli Haat	110000-225000	3000-4000

Fonte: Agência imobiliária local e Internet

Custo de construção

O custo de construção de um parque de estacionamento é função do número de lugares a disponibilizar, do espaço atribuído por ECS, da estrutura, do padrão de circulação, do tipo de instalação drive-in ou hidráulica e da conceção arquitetónica, etc. Requisitos funcionais como a proteção contra incêndios, a ventilação eléctrica e mecânica, a iluminação, etc.

Custo de operação e manutenção

O custo anual de funcionamento e manutenção inclui a manutenção periódica das instalações em termos de reparações, segurança, eletricidade, cobrança de taxas, seguros, mão de obra e administração, etc.

Custos indirectos

Os custos indirectos incluem os danos ambientais, os custos sociais, a degradação estética, a destruição do habitat, os custos de gestão das águas pluviais, etc. Atualmente, a sensibilização do público para estes custos tem vindo a aumentar.

Quadro 7.3: Caraterísticas das diferentes concepções de parques de estacionamento

Type of facility	Space Requirement (Area/ ECS)	Construction cost (Rs/ ECS)	Operation & Maint. Cost (Rs/ annum/ ECS)
Surface Parking	23 sq.m	Rs 15000-20000	1000-2000
Multi level Ramp based	30 sq.m	Rs 200000-300000	2500-3000 (per floor)
Automated Multi level	18 sq.m	Rs 400000-600000	3500-4000 (per floor)

Fonte: Diretrizes de estacionamento da DDA e da MCD, jornais de transportes do Instituto VTPI, Parkomat e Simpark em Calcutá

Para escolher um tipo de parque de estacionamento em qualquer uma das zonas de estudo, é necessário efetuar uma análise comparativa dos custos de exploração dos tipos de parque de estacionamento concebidos com todos os custos incorridos no projeto. As equações com o custo do terreno "x" como variável independente foram derivadas, sendo que "x" varia consoante a localização da zona comercial e os outros custos são acrescentados de acordo com as especificações das diferentes instalações.

Tabela 7.4: Análise comparativa do custo operacional para diferentes projetos de estacionamento

Parameters	Surface Parking	Multi level Ramp	Automated Multi level
Land Cost	Rs X /sq.m	Rs X /sq.m	Rs X /sq.m
Area/ ECS including circulation	23 sq.m	30 sq.m	18 sq.m
Cost of Land per ECS	Rs 23X	Rs 30X	Rs 18X
Construction Cost per ECS	Rs 20000	Rs 200000-300000	Rs 400000-600000
Total cost per ECS	Rs (23X + 20000)	Rs (30X + 300000)	Rs (18X + 600000)
Assumed Service Time	10 years	10 years	10 years
Interest on capital @ 12%/annum)	Rs (2.76X + 2400)	Rs (3.6X + 36000)	Rs (1.9X + 720000)
Amortized Amount for 10 Years @ 4%/annum	Rs (1.8X + 1602.5)	Rs (2.4X + 24038.4)	Rs (1.3X + 48077)
Total Cost/ yr	Rs (4.6X + 4002.5)	Rs (6X + 60038.4)	Rs (3.2X + 120077)
Service Charge @ 2%	Rs (4.7X+ 4082.6)	Rs (6.1X+ 61239.2)	Rs (3.3X+ 122478.5)
Operation & Maint. Cost/ ECS/ yr (insurance, fire, power etc)	Rs 1K-1.5K	Rs 10K-12K (4 floors) Rs 15K-18K (6 floors)	Rs 14K-16K (4 floors) Rs 21K-24K (6 floors)
Total Operating Cost/ ECS/ year	**Rs (4.7X + 5582)**	**Rs (6.1X + 61239)**	**Rs (3.3X + 1220478)**
If no of floors for multi level is 4	**NA**	**Rs (1.5X + 73239)**	**Rs (0.8X + 138478)**
If no of floors for multi level is 6	**NA**	**Rs (1.0X + 79239)**	**Rs (0.5X + 146478)**

Aqui, K representa Rs 1000

Amortização: Se Rs 1,00 for depositado por ano durante 10 anos a 4%/ano, o montante a ser realizado no final será Rs 12,48, que é o montante amortizado.

Inferência da análise comparativa

Assumindo que 4 é o número mínimo de pisos para o estacionamento multinível em rampa e para o estacionamento multinível automatizado, os pontos de equilíbrio calculados para 'x' entre o estacionamento à superfície e o estacionamento multinível e automatizado são Rs 21410/m2 e Rs 34304/m2 .

O mesmo cálculo entre estacionamento multinível e automatizado para 4 níveis resulta no ponto de equilíbrio de Rs 94171/ m2, o que indica que até ao preço do terreno de Rs 94171/ m2 é preferível o estacionamento multinível em rampa, mas acima disso o estacionamento multinível automatizado é económico.

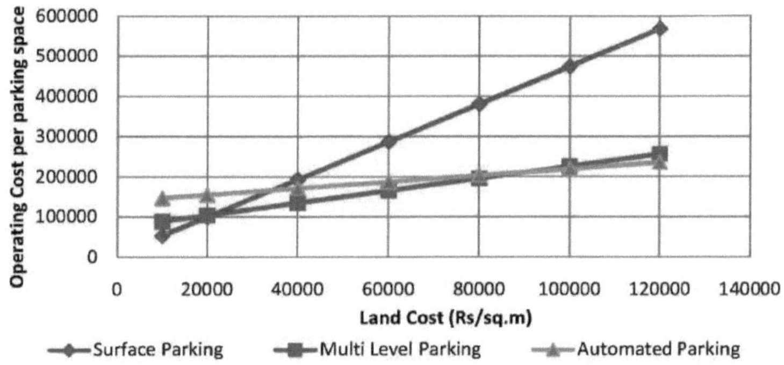

Fig. 7.2: Análise do ponto de equilíbrio dos custos de exploração de projectos de parques de estacionamento (4 pisos para vários níveis)

Se o número de pisos for aumentado para 6, o ponto de equilíbrio entre o estacionamento multinível e o estacionamento automatizado situa-se em 141257 rupias/m2 , o que implica que o funcionamento do estacionamento multinível em rampa é económico até ao preço do terreno de 141257 rupias/m2 , mas se o preço do terreno subir, o estacionamento automatizado será mais económico.

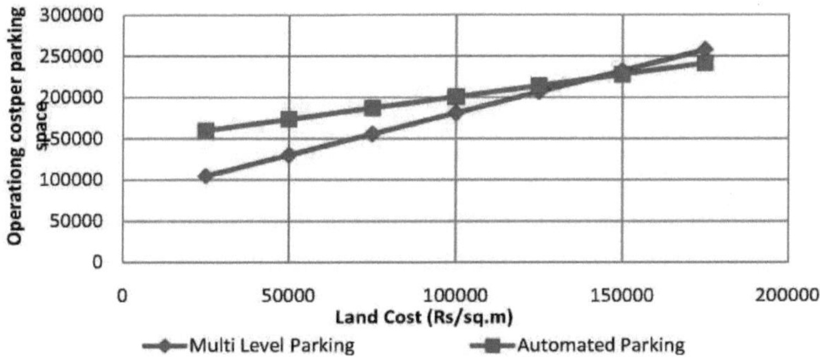

Fig. 7.3: Análise do ponto de equilíbrio do custo de exploração de projectos de estacionamento de 6 pisos com vários níveis

Foi efectuada uma análise mais aprofundada das diferentes concepções de estacionamento em termos da sua capacidade. O número de lugares de estacionamento que pode ser acomodado em cada um dos modelos varia drasticamente. Tendo em conta o facto de a área necessária por lugar de estacionamento ser menor no estacionamento automatizado, o número de lugares de estacionamento seria mais elevado nesta conceção do que na conceção de estacionamento à superfície e em rampa de vários níveis.

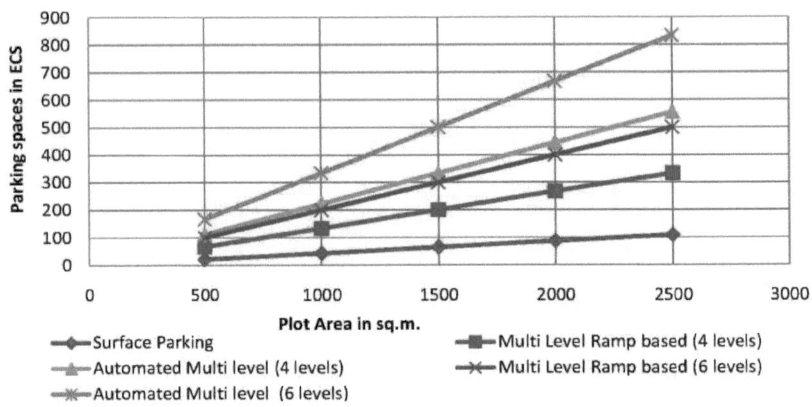

Fig. 7.4: Análise comparativa da capacidade de estacionamento em diferentes concepções de parques de estacionamento

7.3 Caraterísticas da procura de estacionamento

A análise da procura em todas as zonas de estudo foi efectuada com diferentes parâmetros, como a tarifa de estacionamento, o tempo de procura e a distância a pé. A taxa de estacionamento foi adoptada como parâmetro para determinar a oferta adequada em função da procura em todas as zonas de estudo.

Funções de procura agregada da forma F = f (x) derivadas para todas as áreas, onde 'y' denota o número total de automobilistas que estariam dispostos a estacionar num determinado local, correspondendo a uma determinada taxa de estacionamento 'x'. A análise da função de procura de todas as zonas de estudo foi efectuada individualmente com as suas caraterísticas específicas de procura e oferta.

7.3.1 Lajpat Nagar

A função de procura para a zona de estudo de Lajpat Nagar é a seguinte

$$y = 2.969\, x^2 - 200\, x - 3351$$

Onde,

x = Taxas de estacionamento em Rs/hora, y = Lugares de estacionamento em número (ECS)

A procura de estacionamento a diferentes taxas de estacionamento é:

A x = Rs 10/ hora, procura no parque, y = 1648 ECS (receita máxima)

A x = Rs 15/ hora, procura no parque, y = 1019 ECS

A x = Rs 20/hora, procura de estacionamento, y = 539 ECS

A x = Rs 30/ hora, procura de estacionamento, y = 23 ECS

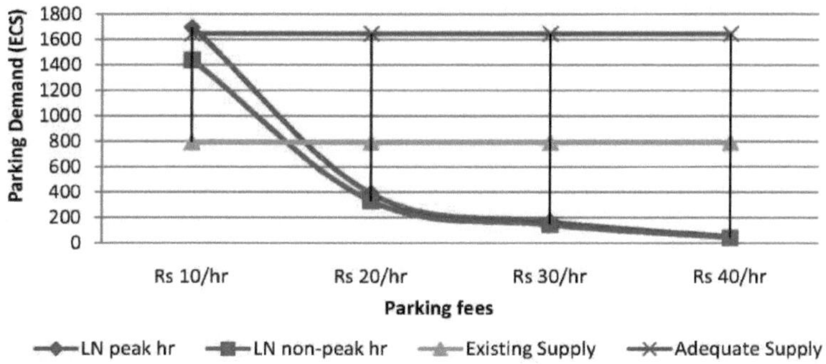

Fig. 7.5: Lajpat Nagar - Curva da procura para horas de ponta e horas fora de ponta

A oferta existente de 792 ECS e a procura atual exigem que as taxas de estacionamento sejam de 17,17 rupias/hora para as horas de ponta e de 15,28 rupias/hora para as horas fora de ponta.
O aumento da oferta de estacionamento de 1648 ECS, de acordo com a procura, deve ser fornecido às taxas de estacionamento de Rs 10/hora para as horas de ponta e de Rs 7,5/hora (arredondamento de Rs 10/hora) para as horas não-pico.

7.3.2 Extensão Sul

A função de procura para a zona de estudo da Extensão Sul é a seguinte

$$y = 0.986\ x^2 - 69.83\ x - 1261$$

Onde,
x = Taxas de estacionamento em Rs/hora, y = Lugares de estacionamento em número (ECS)

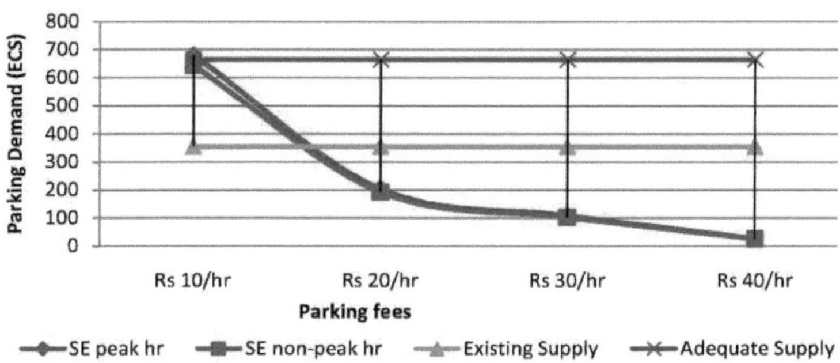

Fig. 7.6: Extremidade Sul - Curva da procura para as horas de ponta e fora de ponta

A procura de estacionamento a diferentes taxas de estacionamento é:
A x = Rs 10/ hora, procura no parque, y = 661 ECS (receita máxima)
A x = Rs 15/ hora, procura de estacionamento, y = 435 ECS
A x = Rs 20/hora, procura de estacionamento, y = 259 ECS
A x = Rs 30/ hora, procura de estacionamento, y = 54 ECS

A oferta existente de 355 ECS e a procura atual exigem que as taxas de estacionamento sejam de 17,10 rupias/hora para as horas de ponta e de 16,57 rupias/hora para as horas fora de ponta.

O aumento da oferta de estacionamento de 661 ECS, de acordo com as necessidades da procura, deve ser fornecido às taxas de estacionamento de 10 rupias/hora para as horas de ponta e 9,29 rupias/hora (arredondamento de 10 rupias/hora) para as horas não-pico.

7.3.3 Mercado INA e Dilli Haat

A função da procura para a zona de estudo INA & Dilli Haat é a seguinte

$$y = 0.354\ x^2 - 32.89\ x - 771.7$$

Onde,

x = Taxas de estacionamento em Rs/hora, y = Lugares de estacionamento em número

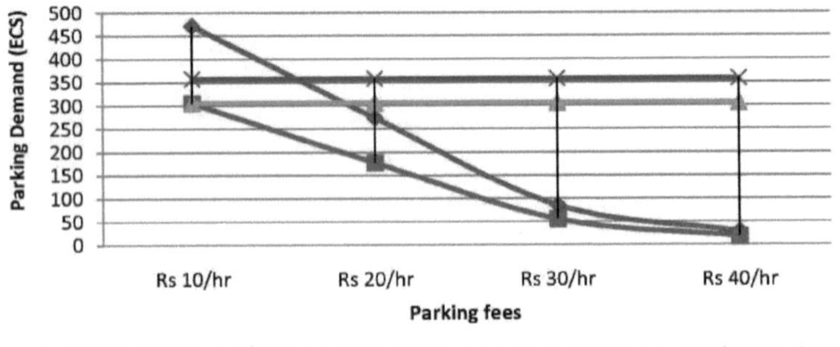

Fig. 7.7: INA e Dilli Haat - Curva da procura em horas de ponta e fora de ponta

A procura de estacionamento a diferentes taxas de estacionamento é:

A x = Rs 10/hora, procura no parque, y = 478 ECS

A x = Rs 15/hora, procura no parque, y = 358 ECS (receita máxima)

A x = Rs 20/ hr, procura de estacionamento, y = 256 ECS

A x = Rs 30/ hora, procura de estacionamento, y = 104 ECS

A oferta existente de 306 ECS e a procura atual exigem que as taxas de estacionamento sejam de 17,42 rupias/hora para as horas de ponta e de 12,48 rupias/hora para as horas fora de ponta.

O aumento da oferta de estacionamento de 358 ECS, de acordo com as necessidades da procura, deve ser fornecido ao preço de 15 rupias/hora nas horas de ponta e de 9,65 rupias/hora (arredondamento de 10 rupias/hora) nas horas fora de ponta.

7.3.4 Praça Nehru

A função de procura para a zona de estudo de Nehru Place é a seguinte

$$y = 7.646\ x^2 - 526.2\ x + 8951$$

Onde,

x = Taxas de estacionamento em Rs/hora, y = Lugares de estacionamento em número

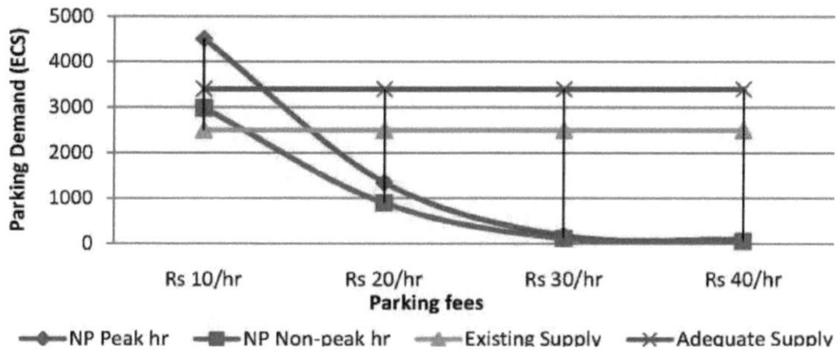

Fig. 7.8: Nehru Place - Curva da procura para horas de ponta e horas fora de ponta

A procura de estacionamento a diferentes taxas de estacionamento é:

A x = Rs 10/hora, procura no parque, y = 4453 ECS (Rev. máx.)

A x = Rs 15/ hora, procura no parque, y = 2778 ECS

A x = Rs 20/hora, procura no parque, y = 1485 ECS

A x = Rs 30/ hora, procura de estacionamento, y = 47 ECS

A oferta existente de 2500 ECS e a procura atual exigem que as taxas de estacionamento sejam de 15,96 rupias/hora para as horas de ponta e de 13,77 rupias/hora para as horas fora de ponta.

O aumento da oferta de estacionamento de 3400 ECS, de acordo com a procura, deve ser fornecido às taxas de estacionamento de 13,0 rupias/hora (arredondamento de 15 rupias/hora) para as horas de ponta e de 10,45 rupias/hora (arredondamento de 10 rupias/hora) para as horas não-pico.

7.3.5 Colónia de defesa

A função de procura para a área de estudo da Defence Colony é a seguinte

$$y = -0.006\ x^2 - 8.858\ x - 373.3$$

Onde,

x = Taxas de estacionamento em Rs/hora, y = Lugares de estacionamento em número

A procura de estacionamento a diferentes taxas de estacionamento é:
A x = Rs 10/hora, procura de estacionamento, y= 284 ECS
A x = Rs 15/ hora, procura de estacionamento, y= 240 ECS
A x = Rs 20/hora, procura no parque, y= 194 ECS (receita máxima)
A x = Rs 30/ hora, procura de estacionamento, y= 102 ECS

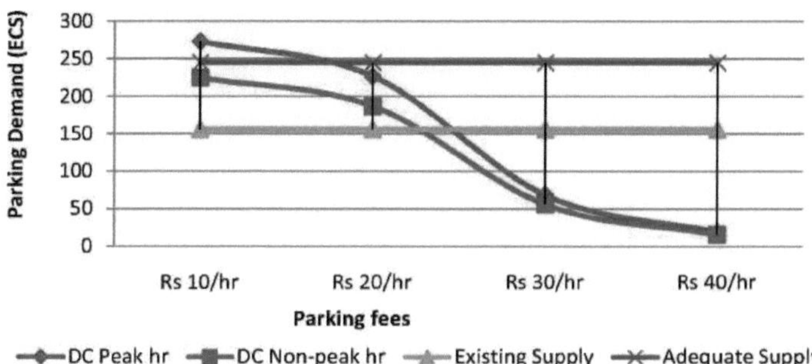

Fig. 7.9: Colónia de Defesa - Curva da procura para as horas de ponta e fora de ponta

A oferta existente de 156 ECS e a procura atual exigem que as taxas de estacionamento sejam de 24,13 rupias/hora para as horas de ponta e de 20,48 rupias/hora para as horas fora de ponta.

O aumento da oferta de estacionamento de 240 ECS, de acordo com a procura, deve ser fornecido às taxas de estacionamento de 19,97 rupias/hora (arredondamento de 20 rupias/hora) para as horas de ponta e de 15,39 rupias/hora (arredondamento de 15 rupias/hora) para as horas não-pico.

7.4 Cálculo das receitas

A coleta de receitas da taxa de estacionamento para todas as áreas de estudo com nova oferta de estacionamento foi calculada e comparada com as receitas actuais geradas pela taxa de estacionamento atual.

Pressupostos para o cálculo das receitas

- As caraterísticas da duração do estacionamento serão idênticas às existentes.
- A composição dos veículos automóveis e dos veículos de duas rodas será idêntica à atual.
- A hora de ponta e a hora fora de ponta podem variar consoante as condições específicas do caso.
- O preço do estacionamento, tal como acima referido, será calculado à hora para os estacionamentos de curta duração e será cobrada uma taxa de um dia inteiro ou uma taxa mensal aos estacionamentos de longa duração para desencorajar o estacionamento de longa duração.
- 1 ECS equivale a 6 lugares de estacionamento para veículos de duas rodas e 10 lugares de estacionamento para bicicletas.
- A eficiência do parque de estacionamento deve ser de 85-90%.
- A ocupação média de cada ECS será de 8 horas por dia.
- Embora nalgumas zonas as taxas de estacionamento calculadas sejam iguais para as horas de ponta e para as horas que não são de ponta, as horas de ponta terão uma taxa de estacionamento mais elevada para uma gestão adequada do estacionamento.

A análise do inquérito sobre a disponibilidade dos utentes para pagar foi utilizada para decidir as taxas de estacionamento em diferentes zonas de estudo.

Tabela 7.5: Tarifa de estacionamento proposta em todas as zonas de estudo

Study Areas	Short Term Non-peak hours (Rs/ hr)		Short Term Peak hours (Rs/ hr)		Long term (Rs/ day & month)	
	Cars	2-wheelers	Cars	2-wheelers	Cars	2-wheelers
Lajpat Nagar	10	8	15	10	50/ 1200	40/ 900
Nehru Place	10	8	15	10	50/ 1200	40/ 900
South Extension	10	8	15	10	50/ 1200	40/ 900
Defence Colony	15	10	20	15	75/ 1800	50/ 1200
INA Market & Dilli Haat	10	8	15	10	50/ 1200	40/ 900

Cobrança de receitas através de taxas de estacionamento

A composição atual dos veículos que vêm estacionar e a sua duração foram utilizadas para calcular a geração de receitas da nova estrutura de taxas proposta para os diferentes veículos.

Tabela 7.6: Total de veículos que chegam à área num dia (para estacionamento)

Study Areas	Cars	Two-wheelers	Others	Cars %age	Two-wheelers %age	Others %age
Lajpat Nagar	2750	1750	56	60.36	38.41	1.23
South Extension	1650	1050	40	60.22	38.32	1.46
INA Market & Dilli Haat	1100	850	37	55.36	42.78	1.86
Nehru Place	6900	9600	65	41.65	57.95	0.39
Defence Colony	550	400	22	56.58	41.15	2.26

Fonte: Inquérito primário outubro-novembro de 2009

Tabela 7.7: Distribuição da duração média de estacionamento em percentagem

Study Areas	0-1 hrs	1-2 hrs	2-3 hrs	3-4 hrs	>4 hrs	75% of >4 hrs	25% of >4 hrs
Lajpat Nagar	8	34	11	22	36	27	9
South Extension	12	46	12	10	20	15	5
INA Market & Dilli Haat	22	47	13	6	12	6	6
Nehru Place	11	29	5	4	51	38	13
Defence Colony	12	30	15	15	28	21	7

A repartição dos veículos estacionados durante mais de 4 horas em duas partes, 75% dos quais são considerados como utilizadores diários com taxa mensal e 25% como utilizadores não regulares de longa duração, foi efectuada apenas para efeitos de cálculo. Parte-se do princípio de que 75% dos utilizadores de longa duração são visitantes diários, como lojistas e empregados, e 25% são visitantes ocasionais que vêm por mais de 4 horas.

Tabela 7.8: Cobrança de receitas em todas as áreas de estudo (Rs. por dia)

Study Areas	Present Revenue	Proposed Long term	Proposed Short term	Proposed Others	Proposed Total
Lajpat Nagar	44040	71412	37594	1680	110686
South Extension	28960	24392	24060	1200	49652
INA Market & Dilli Haat	33300	10420	27832	1110	39362
Nehru Place	225000	351824	84599	1950	438373
Defence Colony	12000	15454	10530	880	26864

De acordo com a taxa de estacionamento proposta, a geração de receitas para a zona foi calculada com base em vários parâmetros já referidos. As receitas geradas para as autoridades locais *foram* calculadas com base na percentagem que lhes é atualmente atribuída, que varia entre 60% e 70%.

A única zona da Colónia de Defesa onde essa percentagem é de 50% dispõe de estacionamento gratuito para os proprietários das lojas locais e os seus empregados, o que foi ignorado no cálculo das receitas proposto.

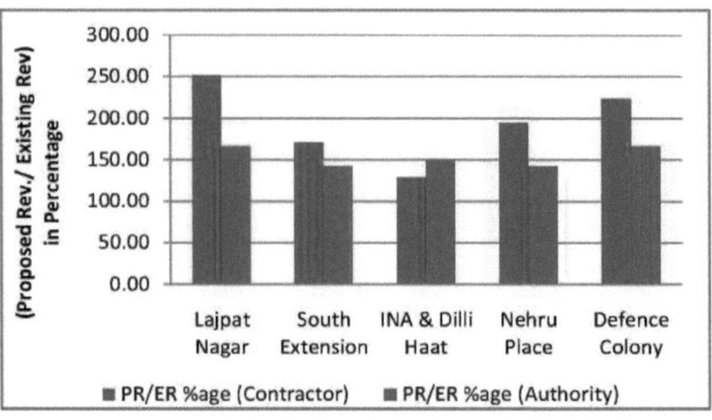

Fig. 7.10: Comparação da coleta de receitas de todas as zonas de estudo (por mês)

Mais opções de geração de receitas

1. O estacionamento de vários níveis pode ter um piso dedicado a actividades comerciais, o que pode gerar enormes receitas para o fornecedor da instalação. De acordo com as diretrizes da MCD, DDA e NDMC na cidade, todos os parques de estacionamento de vários níveis devem ter 30% de área construída dedicada a actividades comerciais para a recuperação dos custos incorridos no parque de estacionamento.
2. O parque de estacionamento também pode ser utilizado como objeto de publicidade com faixas de várias marcas, que procuram sempre espaço publicitário em edifícios, placas de sinalização, paragens de autocarro, etc.
3. A adjudicação de contratos a diferentes empreiteiros para a exploração de parques de estacionamento dará também a possibilidade de selecionar a proposta mais elevada para obter receitas.
4. O processo de pagamento pode ser um recibo em papel ou um cartão inteligente patrocinado por diferentes franchisados.

CAPÍTULO 8. PROPOSTAS E RECOMENDAÇÕES

Todas as zonas de estudo têm caraterísticas de estacionamento diferentes que exigem um plano de ação diferente para resolver o problema do estacionamento. Por conseguinte, as propostas foram decididas individualmente para todas as zonas de estudo.

8.1 Recomendações específicas por domínio

8.1.1 Lajpat Nagar

A zona é uma das zonas comerciais mais dominantes do sul de Deli, mas agora o desinteresse dos utentes pelo estacionamento de veículos tornou-se um pesadelo. Para estar ao nível de outras áreas comerciais de luxo na mesma zona, o problema de estacionamento na área deve ser resolvido urgentemente com instalações adequadas fora da rua. As medidas a tomar para melhorar as condições de estacionamento locais são as seguintes

Mapa 8.1: Propostas na zona de estudo de Lajpat Nagar

- Estacionamento na via pública de 200-250 ECS para Vir Savarkar e Feroze
  A Gandhi Marg deve ser mantida.
- Introdução de um parque de estacionamento multi-nível totalmente automatizado de 750-900 ECS em Feroze Gandhi Marg, na zona para satisfazer a elevada procura de estacionamento.
- A zona verde linear ao longo da Feroze Gandhi Marg pode ser deformada através de um projeto paisagístico e criar espaço para estacionamento à superfície, que pode acolher até 500 ECS.
- A estrutura de estacionamento, se exceder os 4 pisos, deve ser construída no subsolo e por cima, para reduzir a altura do edifício na zona residencial.
- O estacionamento na rua deve ser minimizado de ambos os lados para um único lado e deve ser cobrado mais do que fora da rua para desencorajar o estacionamento na rua.
- A taxa de estacionamento por hora será cobrada tanto nas horas de ponta como nas horas de menos ponta para desencorajar o estacionamento de longa duração. Aos veículos estacionados durante mais de 4 horas será cobrada uma taxa de estacionamento para o dia inteiro se não forem utilizadores

regulares com um passe de estacionamento mensal.

- Os veículos expostos nas salas de exposição devem ser proibidos de estacionar nas horas de ponta, mas podem ser autorizados a estacionar nas horas de vazio, mediante o pagamento da taxa normal de estacionamento, se o espaço estiver vago.
- A oficina mecânica dos veículos deve ser excluída da zona de estacionamento.
- Os residentes que estacionam o seu veículo nas zonas de estacionamento também devem ser cobrados.
- Os vendedores ambulantes que ocupam a área de estacionamento devem ser realojados em grupos numa zona específica.
- Os automóveis não devem ser autorizados a estacionar nas vias paralelas e os riquexós devem ser limitados a uma distância de, pelo menos, 100 metros dos pontos de entrada.
- Os veículos comerciais de 3 rodas podem ser autorizados a circular na zona durante as horas de pouco movimento, mediante o pagamento de uma taxa de estacionamento elevada.

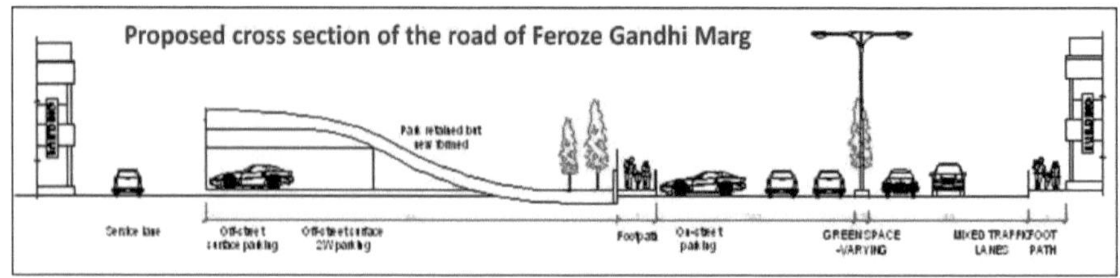

Fig. 8.1 a: Secção transversal proposta da Feroze Gandhi Marg com o estacionamento de superfície proposto sob o parque

Este tipo de conceção paisagística do espaço linear de proteção entre a estrada principal e a via de serviço não altera a sua utilização e pode, simultaneamente, resolver em grande medida o problema do estacionamento.

Fig. 8.1 b & c: Proposta de conceção de espaços verdes com lugares de estacionamento cobertos em Lajpat Nagar

8.1.2 Extensão Sul

Esta zona é a mais luxuosa e cara de todas as zonas comerciais do Sul de Deli, onde o público de alto nível vem sobretudo para fazer compras, para além dos trabalhadores de escritório. Os **utilizadores** podem facilmente pagar uma taxa de estacionamento elevada se lhes forem prestados melhores serviços de estacionamento. As medidas a tomar imediatamente para revitalizar as condições de estacionamento na zona são as seguintes

- Na rua de rua deve ser conservados com lugares de estacionamento adequados para evitar o congestionamento.
- Os pontos de saída dos loops devem estar localizados um pouco longe da área do loop principal para evitar engarrafamentos que a estrada MG experimenta nas horas de ponta.
- As salas de exposição locais devem ser encorajadas a proporcionar estacionamento adequado aos seus visitantes nas suas próprias instalações.
- O estacionamento subterrâneo sob os parques é a única e mais viável opção para o fornecimento de estacionamento fora da rua nas proximidades.

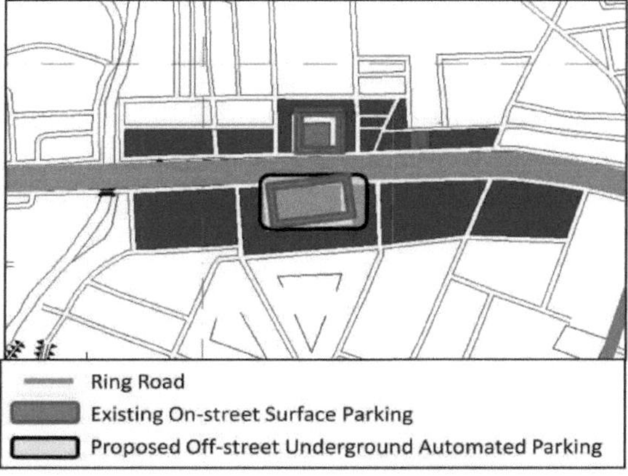

Mapa 8.2: Propostas na área de estudo da Extensão Sul

Fig. 8.2 a & b: Proposta de conceção de espaços verdes com espaços de estacionamento cobertos na extensão sul

- A praça de táxis e o estacionamento automóvel podem ser agrupados e não deve ser permitido utilizar o espaço extra com mais veículos.

8.1.3 Mercado INA e Dilli Haat

As duas zonas comerciais estão próximas, mas têm perfis totalmente diferentes. O INA Market é uma zona mais quotidiana e comercial, mas Dillli Haat é uma zona recreativa e comercial. Dillli Haat está sob a alçada do Turismo de Deli, pelo que deve manter a sua identidade como um dos locais de entretenimento do Sul de Deli. As propostas para esta zona comercial dupla são as seguintes

- O estacionamento à superfície subutilizado em Dilli Haat deve ser convertido num parque automatizado de vários níveis para satisfazer a procura do mercado INA.
- O estacionamento automatizado proposto para o Dilli Haat será utilizado pelos comerciantes do mercado INA e o estacionamento à superfície do INA será reservado aos visitantes de curta duração.
- Os caminhos pedonais utilizados como estacionamento devem ser restringidos e penalizados por esse facto.
- A taxa de estacionamento deve ser cobrada de acordo com as tarifas propostas, por hora, em vez do atual sistema de 2 horas.
- A área terá conetividade MRTS em outubro de 2010, pelo que, numa fase posterior, a DMRC pode planear a instalação de Park and Ride, que também será utilizada pelos visitantes locais.
- O parque de estacionamento em Dilli Haat deve ser equipado com sistema de informação de estacionamento, a fim de cater INA procura de estacionamento no mercado também.

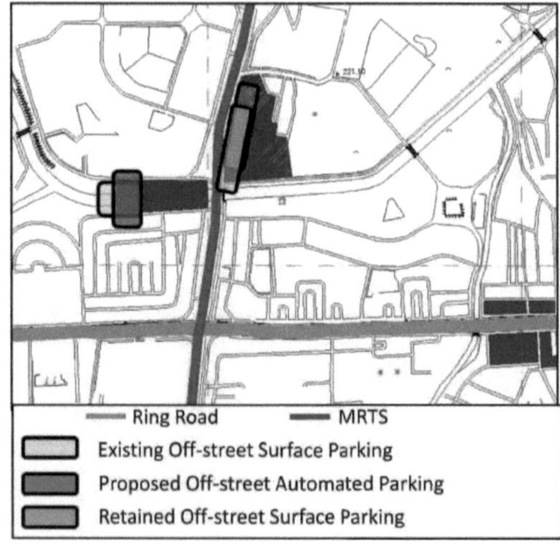

Mapa 8.3: Propostas no mercado INA e na zona de estudo de Dilli Haat

8.1.4 Praça Nehru

A zona comercial mais concorrida de todas as zonas estudadas. A zona situada ao longo da estrada marginal ou exterior terá em breve um corredor MRTS a passar por ela. Esta zona mantém-se ativa durante todo o dia devido à presença do mercado das TI e dos computadores. O estado do estacionamento é bastante mau, não havendo espaço de circulação à esquerda depois de os veículos serem estacionados corretamente. Algumas das propostas para esta zona são:

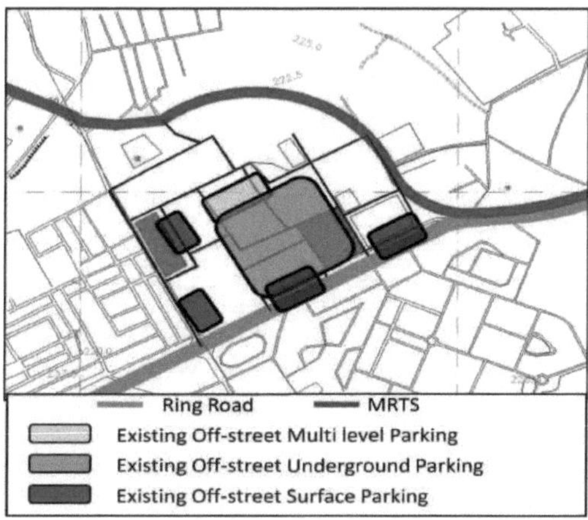

Mapa 8.4: Propostas na área de estudo de Nehru Place

- A oferta de estacionamento não deve ser aumentada, uma vez que já existem 3401 ECS de oferta de estacionamento.
- A introdução do MRTS em 3 meses pode reduzir a procura de estacionamento em 15-20%, pelo menos, tal como aconteceu com a redução de veículos nos corredores operacionais.
- estacionamento DDA e o estacionamento privado de vários níveis podem ser agrupados para satisfazer a procura de estacionamento, o que evitará a utilização excessiva do estacionamento DDA e a subutilização do estacionamento de vários níveis.
- O estacionamento à superfície na zona deve poupar rigorosamente espaço de circulação no parque de estacionamento.
- Os vendedores ambulantes e os estabelecimentos de restauração no ponto de entrada, que estragam o ambiente do complexo, devem ser instalados no interior do complexo para garantir a limpeza e a higiene.
- Junto ao parque de estacionamento, pode ser criado um parque de estacionamento para os trabalhadores pendulares.
- As taxas subsidiadas de oferta de estacionamento à entrada devem ser convertidas em taxas horárias, de modo a desencorajar o estacionamento de longa duração.

8.1.5 Colónia de Defesa

Esta zona pode ser conhecida como o paraíso noturno para os amantes da gastronomia. A zona torna-se ativa apenas à noite, com a presença de muitos restaurantes e bares. A variedade de cozinhas disponíveis atrai muitos visitantes de todas as partes do Sul de Deli. O público que vem aqui é um grupo com rendimentos muito elevados, que vem maioritariamente nos seus veículos pessoais.

A zona enfrenta problemas de estacionamento e, além disso, não dispõe de espaço de circulação adicional para além da estrada, pelo que o conflito entre veículos e peões é uma cena comum. Para resolver os problemas de estacionamento, algumas das medidas podem ser implementadas da seguinte forma

- Um parque de estacionamento automatizado situado a uma distância que pode ser percorrida a pé para satisfazer a procura de estacionamento.

- O parque de estacionamento gratuito para os os proprietários de lojas, restaurantes e os seus empregados devem ser imediatamente eliminados para reduzir a procura, sem receitas.
- A aplicação de taxas de estacionamento por hora reduzirá o número de veículos de entrega estacionados na zona de estacionamento regulamentada.
- O estacionamento na via pública na zona de circulação deve ser transferido para estacionamento fora da rua logo que a instalação esteja operacional.
- A zona não está muito bem servida por autocarros de Deli, mas existem frequentemente automóveis e riquexós para bicicletas.
- A zona deve ter alguns estabelecimentos comerciais, como lojas de vestuário, para atrair visitantes à hora do meio-dia, de modo a obter eficiência na utilização do estacionamento.

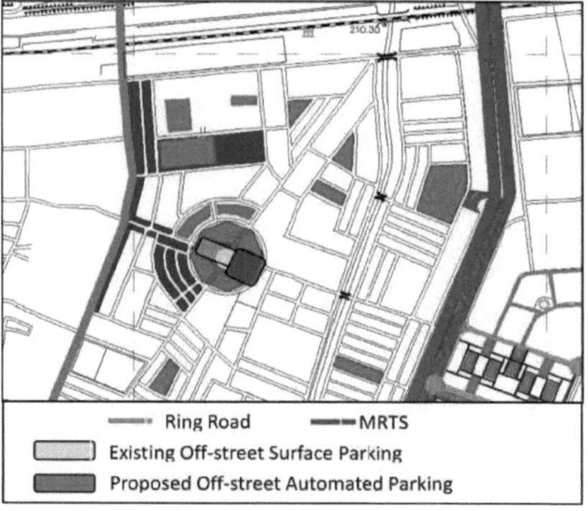

Mapa. 8.5: Propostas na área de estudo da Colónia de Defesa

8.2 Sistema de informação de estacionamento

O sistema de orientação e informação de estacionamento (PGI) ou sistema de orientação de parques de estacionamento apresenta aos condutores informações úteis sobre o estacionamento em zonas controladas. Os sistemas combinam tecnologias de monitorização do tráfego, comunicação, processamento e painéis de mensagens variáveis para fornecer o serviço. Os sistemas PGI são um produto da iniciativa mundial para o desenvolvimento de sistemas de transporte inteligentes (ITS) em zonas urbanas. Os sistemas PGI podem ajudar no desenvolvimento de uma rede de transportes segura, eficiente e amiga do ambiente.

Fig. 8.3: Sinalética de orientação do parque de estacionamento

Os sistemas IGP são concebidos para ajudar na procura de lugares de estacionamento vagos, orientando os condutores para parques de estacionamento onde os níveis de ocupação são baixos. O objetivo é reduzir o tempo de procura, o que, por sua vez, reduz o congestionamento nas estradas circundantes para outro tráfego, com benefícios relacionados com a poluição atmosférica, com o objetivo final de melhorar a área urbana. Algumas das caraterísticas e vantagens de um sistema eficaz de informação e orientação sobre estacionamento são

Fig. 8.4: Sinalética para a disponibilidade de lugares de estacionamento vagos

- sistema de informação de estacionamento orienta a eficiência e a facilidade de utilização de qualquer parque de estacionamento.
- A disponibilidade de lugares, a taxa de estacionamento, a localização e a acessibilidade são alguns dos aspectos importantes que devem ser incorporados em qualquer sistema de informação sobre estacionamento.
- Os desenhos da sinalização de direção e de disponibilidade devem ser claros, concisos e fáceis de seguir.
- A comodidade de estacionar e levantar o veículo é o objetivo final de um sistema de informação eficiente.
- A assistência ao veículo deve ser prestada desde o ponto de entrada da zona até ao parque de estacionamento de destino e uma via de circulação de saída fácil.
- O novo sistema de automatização, embora dispendioso de operar mas de fácil utilização, reduzirá o tempo de pesquisa e recuperação para apenas 2-3 minutos.

Fig. 8.5: Altura e dimensão corretas dos sinais de estacionamento
Fig. 8.6: Sinalética de estacionamento orientada para veículos e sistema de pagamento automático

8.3 Recomendações gerais

Para além das recomendações específicas por zona, existem algumas estratégias que podem ser aplicáveis a qualquer uma ou a todas as zonas de estudo. Algumas dessas recomendações são as seguintes:

- Os novos parques de estacionamento propostos nalgumas zonas devem ser criados o mais rapidamente possível.
- As novas instalações podem ser criadas através de empresas comuns privadas numa base BOT e BOOT.
- A localização do parque de estacionamento deve ser facilmente acessível, mas pelo menos a 100-200 metros da zona comercial principal, para evitar o caos e o conflito entre peões e veículos.
- A disponibilidade de estacionamento e as taxas cobradas por todos os parques de estacionamento devem ser afixadas em todos os pontos de entrada e parques de estacionamento.
- A taxa de estacionamento por hora deve ser cobrada a todos os utentes para desencorajar o estacionamento de longa duração.
- Será cobrada uma taxa horária até 4 horas, acima das quais será cobrada uma taxa de estacionamento para o dia inteiro até 8 horas e, para além disso, a taxa de estacionamento será cobrada a dobrar.
- As tarifas das horas de ponta e das horas fora de ponta devem ser diferentes para reduzir a procura elevada nas horas de ponta.
- O estacionamento na rua pode ser cancelado durante as festividades do Diwali e da véspera de Natal, se necessário, para descongestionar as estradas.

8.4 Conclusão

O estudo tentou discutir principalmente as soluções de estacionamento no contexto atual. A projeção da procura futura de estacionamento não foi possível devido aos recursos limitados de dados. O estudo tentou desenvolver vários modelos analíticos para chegar a soluções lógicas. Um estudo mais aprofundado neste domínio poderá trazer mais algumas possibilidades de trabalho. As metodologias e propostas desenvolvidas devem ser cuidadosamente utilizadas para resolver o problema de estacionamento noutras partes da cidade, se necessário, mas tendo em conta a singularidade das caraterísticas de estacionamento dessa área. O projeto será bem sucedido se as propostas e estratégias recomendadas forem implementadas e puderem melhorar as condições de estacionamento locais.

Referências

Livros:

- Donald C. Shoup. *"O Alto Custo do Estacionamento Gratuito".*
- J Brierley. *"Estacionamento de veículos a motor".*

Relatórios e revistas:

- Sandip Chakraborty *(2007-08.) "Behavioral analysis of Automobile Parking Demand and Planning for Off-street Parking Facilities".* Dissertação de mestrado do IIT Kharagpur.
- Anurag Thakur *(2006-07). "Gestão de estacionamento para os Jogos da Commonwealth 2010, Estádio JNU de Nova Deli".* Dissertação de planeamento de transportes da SPA Delhi.
- K. Srinath *(1980-81). "Política de estacionamento para o centro da cidade metropolitana de Deli".* Dissertação de planeamento de transportes *da SPA* Delhi.
- Carl Walker Inc., Spark Parking Inc. (19 de novembro de 2007). *"Plano de Gestão de Estacionamento na Baixa".* Projeto de relatório da Spencer Consulting Services.
- Joyce Dargay, Dermot Gately e Martin Sommer (janeiro de 2007). *"Vehicle Ownership and Income Growth, Worldwide: 1960-2030."*
- Governo de Deli NCT (2008-2009). *"Relatório do Inquérito Socioeconómico".*
- Ministério do Desenvolvimento Urbano *(37th report, dezembro de 2008). "Relatório sobre Transportes Urbanos".*
- Autoridade para o Controlo e Prevenção da Poluição Ambiental (5 de fevereiro de 2009). *"Congestionamento em Delhi: futuro assustador das nossas cidades".*
- Todd Litman (novembro de *2008).* "Estratégias de gestão de estacionamento, avaliação e planeamento". *Instituto de Política de Transportes de Victoria.*
- Instituto de Política de Transportes de Victoria *(outubro de 2009). "Análise dos custos e benefícios dos transportes II - Custos de estacionamento".*
- MCD & NDMC (2009-10). *"Relatório e Revistas sobre Normas de Estacionamento e Loteamento".*

Sítios Web:

- *www.mcdonline.gov.in*
- *www.ndmc.gov.in*
- *www.google.com*
- *www.mapsofindia.com*
- *www. wikimapia.com*
- *www.vtpi.org*
- *www.planning.org*

Anexo

1. Parker's Survey Questionnaire

Project: Parking Management Plan for Major Commercial Areas of South Delhi

Department of Architecture & Regional Planning,

Indian Institute of Technology, Kharagpur

Survey Questionnaire No._______________

Date _______________ Time_______________

(To be filled by the surveyor)

Area Details				
0.1	Name of the commercial area			
0.2	Type of commercial area	a) Office	b) Retail	c) Mixed

PARKER'S QUESTIONNAIRE

1.	**Personal Details**				
1.1	Name				
1.2	Family size				
1.3	Family Income (in Rs lakhs)	a) 0-5	b) 5-10	c) 10-15	d) >15
1.4	Occupation				
1.5	No of vehicles owned in family	a) Cars ___ b) Two wheelers ___ c) Bicycle ___ d) Others (Specify) ___			

2.	**Trip Characteristics**				
2.1	Car driven by	a) Self		b) Driver	
2.2	Trip Purpose	a) Work trip	b) Shopping	c) Recreation	d) Business
		e)	f) Any others Specify___		
2.3	Origin (coming from)				
2.4	Distance (km)	a) 0-2	b) 2-5	c) 5-10	d) ___
2.5	Time taken (min)	e) 0-5	f) 5-15	g) 15-30	h) ___
2.6	Next best alternate mode available	a) Bus	b) Taxi	c) Metro	d) Auto Rickshaw
		e) Cycle Rickshaw	f) Rail	g) Specify ___	
2.7	Time taken by alternate mode	a) Less	b) More	c) Equal	d) ___
2.8	Expense by alternate mode	a) Less	b) More	c) Equal	d) ___
2.9	Frequency of visit	a) Daily	c) Weekly	d) Monthly	d) ___

<table>
<tr><td>2.10</td><td>Factor to choose travel mode</td><td>a) Comfort/ convenience</td><td>c) Time saving</td><td>d) Cost saving</td><td>d) ________</td></tr>
<tr><td>2.11</td><td>Are you in favor of Car Pooling</td><td colspan="2">a) Yes
b) No</td><td colspan="2">If No
1= Security
2= Time loss
3= Uncomfortable
4= Privacy</td></tr>
<tr><td rowspan="2">2.12</td><td rowspan="2">Next best alternate mode available after introduction of MRTS</td><td>a) Bus</td><td>b) Taxi</td><td>c) Metro</td><td>d) Auto</td></tr>
<tr><td>e) Cycle Rickshaw</td><td>f) Rail</td><td colspan="2">g) Specify ________________</td></tr>
<tr><td>2.13</td><td>Future preference between MRTS and private vehicle</td><td colspan="2">a) MRTS</td><td colspan="2">b) Private vehicle</td></tr>
</table>

<table>
<tr><td colspan="6">3. Parking Characteristics</td></tr>
<tr><td>3.1</td><td>Type of parking facility available</td><td colspan="2">a) On-street</td><td colspan="2">b) Off-street
1. Surface Parking
2. Multi Level parking
3. Underground Parking</td></tr>
<tr><td>3.2</td><td>Type of parking facility preferred</td><td colspan="2">a) On-street</td><td colspan="2">b) Off-street
4. Surface Parking
5. Multi Level parking
6. Underground Parking</td></tr>
<tr><td>3.3</td><td>Any problem faced in parking vehicle</td><td colspan="2">a) Yes
b) No</td><td colspan="2">If No
a) Space unavailability
b) No parking vendor to guide
c) Parking signage not available or inadequate
d) Any other ____________</td></tr>
<tr><td>3.4</td><td>Average parking duration</td><td>a) 0-1 hr</td><td>b) 1-2 hr</td><td>c) 2-4 hr</td><td>d) >4 hr</td></tr>
<tr><td>3.5</td><td>Average parking fees paying (Rs/hr)</td><td>a) 0-10</td><td>b) 10-20</td><td>c) 20-30</td><td>d) >30</td></tr>
<tr><td>3.6</td><td>Can spend max parking fee of (Rs/hr)</td><td>a) 0-10</td><td>b) 10-20</td><td>c) 20-30</td><td>d) ________</td></tr>
<tr><td>3.7</td><td>Average time spend to find space (min)</td><td>a) 0-1</td><td>b) 1-2</td><td>c) 2-5</td><td>d) >5</td></tr>
<tr><td>3.8</td><td>Can spend a max search time of (min)</td><td>a) 0-1</td><td>b) 1-2</td><td>c) 2-5</td><td>d) ________</td></tr>
<tr><td>3.9</td><td>Distance between parking lot and destination (meters)</td><td>a) 0-100</td><td>b) 100-200</td><td>c) 200-500</td><td>d) >500</td></tr>
<tr><td>3.10</td><td>Max distance I can walk (meters)</td><td>a) 0-100</td><td>b) 100-200</td><td>c) 200-500</td><td>d) >500</td></tr>
<tr><td>3.11</td><td>Your opinion about parking management in the area</td><td colspan="4">1= Excellent
2= Good but need improvement
3= Bad but can be augmented
4= Bad cannot be augmented</td></tr>
</table>

2. Parking Vendor's Survey Questionnaire

Project: Parking Management Plan for Major Commercial Areas of South Delhi

Department of Architecture & Regional Planning,
Indian Institute of Technology, Kharagpur

Survey Questionnaire No.________________

Date ________________ Time______________

(To be filled by the surveyor)

Area Details				
0.1	Name of the commercial area			
0.2	Name of road			
0.3	Type of commercial area	a) Office	b) Retail	c) Mixed

PARKING VENDOR QUESTIONNAIRE

1. Parking Details					
2.1	Type of parking facility available	a) On-street		b) Off-street 1. Surface Parking 2. Multi Level parking 3. Underground Parking	
2.2	Number of parking vendors in the area	a) 1-2	b) 2-5	c) 5-10	d) >10______
2.3	Parking turnover and supply (ECS/hr)	8am-12pm	a) Turnover________		b) Supply___
		12pm-4pm	a) Turnover________		b) Supply____
		4pm-8pm	a) Turnover________		b) Supply____
2.4	Parking Utilization (T/S and %age)	8am-12pm	a) Turnover/Supply ____________		
		12pm-4pm	b) Turnover/Supply ____________		
		4pm-8pm	c) Turnover/Supply ____________		
2.5	Total vehicles coming to area in a day	a) Cars________________ b) Two wheelers____________ c) Others (specify)__________			
2.6	Peak hours in a day	________________________(hours & timing)			
2.7	Peak hour parking demand	a) Cars______________ b) Two wheelers__________ c) Others (specify)_________			
2.8	Average parking duration (hrs)	a) 0-1	b) 1-2	c) 2-4	d) >4

2.9	Max duration of parking allowed (hrs)	e) 0-2	f) 2-5	g) 5-10	h) >10
2.10	Night time parking	a) Allowed		b) Not allowed	
2.11	Sale of second hand vehicles allowed	a) Yes		b) No	
2.12	Mechanical repairing of vehicles done	a) Yes		b) No	
2.13	Footpaths and pedestrians pathways used for parking	a) Yes		b) No	
2.14	Type of fee collection system	a) Electronic		b) Manual	
2.15	Parking fees charged per vehicle (Rs/hr)	a) Cars___________________ b) Two wheelers______________ c) Bicycles__________________ d) Others (specify)_____________			
2.16	Peak hour parking fees charged per vehicle (Rs/hr)	a) Cars___________________ b) Two wheelers______________ c) Bicycles__________________ d) Others (specify)_____________			
2.17	Revenue generated of parking to contractor (Rs/day)	a) Weekdays__________________ b) Weekends_________________			
2.18	Revenue generated of parking to local authority (Rs/month)				

Printed by Books on Demand GmbH, Norderstedt / Germany